图解

果树省力化
优质高效栽培

刘　丽　高登涛　温明霞　主编

中国农业出版社
北　京

图书在版编目(CIP)数据

图解果树省力化优质高效栽培 / 刘丽，高登涛，温明霞主编 . -- 北京：中国农业出版社，2025.1.
ISBN 978-7-109-32916-4

Ⅰ . S66-64

中国国家版本馆 CIP 数据核字第 2025U41E67 号

中国农业出版社出版

地址：北京市朝阳区麦子店街18号楼
邮编：100125
责任编辑：郭科
版式设计：刘亚宁　责任校对：吴丽婷
印刷：北京中科印刷有限公司
版次：2025年1月第1版
印次：2025年1月第1版北京第1次印刷
发行：新华书店北京发行所
开本：880mm×1230mm　1/32
印张：9.5
字数：300千字
定价：78.00元

主　编　刘　丽　高登涛　温明霞

副主编　魏志峰　崔国朝　苏艳丽　陈　宁　马凌珂　舒海波

参　编（以姓氏笔画为序）

王　龙　王　丽　王亚楠　王苏珂　牛　良　牛小沛

邓　玲　石彩云　刘　兴　刘军伟　孙世航　孙景梅

苏百童　杨　波　杨　健　吴乾坤　张中海　张向展

易时来　段文宜　聂振朋　曾文芳　潘　磊　薛华柏

在探索自然与人类智慧的交汇点上，农业科学始终扮演着至关重要的角色。随着全球人口的不断增长以及可耕地资源的相对减少，如何在有限的土地上高效地栽培并产出优质的农产品，成为现代农业面临的一大挑战。果树栽培作为农业的一个重要分支，其发展同样不容忽视。面对日益增长的市场需求和消费者对果品质量的高要求，传统的果树栽培方法已经难以为继，省力化与高效化的栽培技术成为行业发展的关键。

为适应果品生产的需求，结合当前农业发展的新形势，我们组织有较高理论水平和丰富实践经验的科研人员及生产一线的技术人员，编写了《图解果树省力化优质高效栽培》一书。本书聚焦于苹果、葡萄、桃、梨、无花果、柑橘等几种广受欢迎的果树，深入探讨了这些果树的省力化优质高效栽培技术。书中详细介绍了几种果树的省力化整地建园、优良品种、高光效树形管理、花果高效管理、省力化土肥水管理和主要病虫害绿色防控等内容。全书力求理论联系实际，突显技术的先进性、创新性与实用性，深入浅出，通俗易懂，旨在降低劳动强度，提高生产效率。

在本书的编写过程中，我们特别注重将复杂的农业科学知识浅显易懂地呈现给读者，希望本书能够成为广大果树种植者的良师益友，帮助他们在果树栽培的道路上走得更远，收获更多。

书中的缺点和不足之处，敬请广大读者批评指正。

编　者

2024 年 10 月

目录 CONTENTS

第六章
病虫害绿色防控

图解果树省力化优质高效栽培
TUJIE GUOSHU SHENGLIHUA YOUZHI GAOXIAO ZAIPEI

第一章 省力化整地建园

近年来，随着社会经济的发展，人们对果品的需求已从数量型转向质量型，出现了普通果售卖难而优质果供不应求的态势，人们对优质果品的需求持续旺盛。同时，果树产业是劳动密集型产业，随着我国劳动力短缺问题及老年化现象越来越凸显，如何建立省工省力的高质量果园管理体系，已成为产业发展急需解决的关键问题。我国目前正在大力推广以苹果矮砧集约栽培模式为代表的果树省力化高效栽培体系，其要点是采用矮化砧木，进行宽行密植，营造高光效树形，实行果园生草和管道灌溉技术，并且管理标准化、机械化。

一、园地选择与规划

优先选择交通便利、地下水位较低的平地或缓坡地，建园时根据立地条件做宜机化改造，道路要做到让机器进得去、出得来，尽量梯改坡、大坡改顺坡，排水沟做成暗排式。

如果是山地，则要做好梯田设计，确保应用山地小型农机，提高劳动效率、降低劳动成本。

结合小区分布规划好道路，确保大型货运车可以到达园区中心，小型货运车可以到达各作业小区，作业小区尽量平缓，以便农用机械可以在小区内满园跑。

小区间要做好隔离带建设，以降低风害，改善果园的生态环境条件，保证果树生长发育，并可减慢病虫害传播。

二、省力化整地施肥

（一）土地平整

用旋耕机全园旋耕一遍，尽量将土地整平，去除石块等杂物（图1-1）。

图1-1 旋耕机深翻

（二）确定定植行，撒施肥料

按照行距画出定植行（图1-2），以定植行为中央基准线，撒施宽度为1米的以有机肥为主的肥料带（图1-3）。

图1-2 画定植行

图1-3 撒施肥料

（三）旋耕机二次旋耕

肥料施入定植行后，再次用旋耕机旋耕定植行，保证肥料与土壤混合均匀（图1-4）。

图1-4 二次旋耕

图1-5 深翻定植行

（四）深翻定植行

用挖掘机沿定植行挖80～100厘米深的定植沟，将挖出的土就地散落回定植沟内（图1-5）。整地挖沟应在栽植前3～5个月内完成。

（五）灌水沉实，定植行旋耕整平，确定定植点

用挖掘机沿定植行开25厘米深的沟，直接浇水漫灌沉实（图1-6）。待水稍微下渗，旋耕机可以下地，沿定植沟将土地旋耕平整（图1-7）。再用长线标记在定植行中央，用卷尺确定苗木位置，使株距保持一致，并做好标记。

柑橘树在种植前2～3个月尽可能根据行距，开好种植沟，施足有机肥，改良土壤，调整pH至5.5～6.5。缓坡地和平地起垄（图1-8），垄宽1.5米左右，呈弧形或拱形；垄最高30厘米左右，垄沟宽2.5～3米，垄沟要求平整。

图1-6 漫灌沉实

图1-7 旋耕平整

图1-8　缓坡地和平地起垄

三、省力化建园

（一）优良苗木选择

在栽植前要对树苗进行严格的选择，一定要选用优质壮苗。优质壮苗的标准：没有检疫性病虫害，根系发达，具有较粗的主根，侧根4～5条，长度20厘米以上，具有较多的须根（图1-9）；苗木高1.0～1.5米，嫁接口以上5厘米处的直径为0.8～2厘米，独干苗整形带内要有5～6个好芽，即芽眼大而饱满。

图1-9　根系完好的苗木

经过假植储藏的苗木或长距离运来的苗木，需进行必要的处理。一是进行苗木分级，剔除伤苗或失水过重的苗，弱苗、小苗集中栽植；二是修剪受伤的根系；三是栽植前将根系在水中浸泡24小时，使其充分吸水，然后蘸泥浆栽植，水中加入杀虫、杀菌剂（如辛硫磷、多菌灵等）进行苗木消毒（图1-10）。

图1-10　苗木浸泡消毒

（二）幼树定植

1. **栽植时期**　适宜栽植时期为秋季和春季。秋栽的树来年发芽早、生长快、成活率高，但要避开大风、低温天气，注意保护幼树根系，免受冻害。秋末温度下降快，冬季到来早或冬季比较严寒的地区以春栽为宜，春栽从土壤解冻后就可以开始，到幼树萌芽结束，宜早不宜迟。

2. **栽植方法**　栽植前在定植点处挖栽植穴（图1-11）。穴的深度依苗木的栽植深度而定。苹果标准矮化中间砧苗木中间砧段长为20～35厘米，栽植时要注意将中间砧段露出地面10～15厘米，土壤条件好的多露，土壤条件差些的少露，矮化自根砧栽植时以矮化砧与品种嫁接口高出地面10厘米为宜；桃、梨、葡萄嫁接苗栽植时嫁接口露出地面5厘米左右；无花果、葡萄等扦插苗埋住根部即可

图1-11 挖定植穴

（图1-12）。柑橘栽植前建议施足底肥，在定植穴中从下到上依次放入由粗到细的有机肥，栽植覆土时注意根颈露出地面5厘米左右。

栽植时将苗木放在穴内正中位置，横竖标齐，扶正苗干，将苗木根系全部伸展开再轻轻填土封穴，以免砸歪苗木，待培土至50%左右时，将苗木向上轻轻一提，使根部伸展，踏实后，再培土，再踏实，最后在地表撒一层松散的土。随后顺树行做成宽1米左右的灌水畦，并及时灌水，当天栽苗当天灌水（图1-13）。有条件的定植后覆膜保墒，提高成活率（图1-14）。

图1-12 定植

图1-13 定植后灌水

图1-14 栽后覆膜保墒

图 解 果 树 省 力 化 优 质 高 效 栽 培

TUJIE GUOSHU SHENGLIHUA YOUZHI GAOXIAO ZAIPEI

第二章 优 良 品 种

一、苹果优良品种

苹果早熟品种成熟期大多在7月和8月上旬，此时是各地一年中气温最高的时期，而高温会导致储存和运输时间缩短，因此苹果早熟品种适合在城市近郊发展，如果储存条件好，也可在稍偏远地区种植。

图2-1　华丹

华丹

品种来源 >> 中国农业科学院郑州果树研究所育成。

单果重 >> 平均160克

可溶性固形物 >> 12.3%

特征特性 >> 果实近圆形，高桩，中等大小。果实底色黄白，果面着鲜红色，片状着色，色泽鲜艳，着色面积60%以上。果肉白色；肉质中细，松脆，果实硬度6.3千克/厘米²；汁液中多，可滴定酸含量0.49%，风味酸甜；品质中上。在郑州地区7月初成熟（图2-1）。

华硕

图2-2 华硕

品种来源 >> 中国农业科学院郑州果树研究所育成，亲本为美八和华冠。

单果重 >> 平均242克

可溶性固形物 >> 12.8%

特征特性 >> 果实长圆形，极大。果实底色绿黄，果面鲜红色，个别果实可达全红，优于嘎拉。果肉酸甜可口，风味浓郁，有芳香，品质上等。具有较好的早果性和丰产性，无采前落果，在郑州地区8月初成熟（图2-2）。

华瑞

图2-3 华瑞

品种来源 >> 中国农业科学院郑州果树研究所育成，华硕的姊妹系品种。

单果重 >> 平均208克

可溶性固形物 >> 13.2%

特征特性 >> 果实近圆形。果实底色绿黄，果面着鲜红色，着色面积达60%；果面平滑，蜡质多，有光泽，果点小。果肉黄白色，肉质细、松脆，果肉硬度为9.7千克/厘米^2；风味酸甜适口，浓郁，有芳香，汁液多，品质上等。在郑州地区7月中下旬成熟（图2-3）。

图2-4 红珍珠

红珍珠

品种来源 >> 中国农业科学院郑州果树研究所育成，亲本为藤木1号和嘎拉。

单果重 >> 平均105克

可溶性固形物 >> 15.8%

特征特性 >> 果实圆柱形，如鸡蛋大小。果实底色绿黄，果面着鲜红色，片状着色，着色面积80%以上。果肉淡黄色，肉质中细、紧密、脆硬，采收时果实去皮硬度12.2千克/厘米^2；风味浓甜，香气浓，汁液中多，品质上等，可滴定酸含量0.29%；果实极耐储藏，在普通室温下储藏30天，冷藏条件下储藏4个月，虽果皮发皱但果肉仍保持很好的脆度。在郑州地区7月底成熟（图2-4）。

图2-5 鲁丽

鲁丽

品种来源 >> 山东省果树研究所育成，亲本为藤木1号和皇家嘎拉。

单果重 >> 平均215.6克

可溶性固形物 >> 15.2%

特征特性 >> 7月中旬成熟。树势中庸偏强，树姿半开张，成枝力强，萌芽力弱，枝条褐色，叶片倒卵形。自花授粉，也可不配授粉树。果实近圆形或长圆形，大小整齐。果面全红，果肉淡黄色，果心小，口感脆甜，多汁，香气浓郁，果皮中厚。耐储运（图2-5）。

图2-6 嘎拉

嘎拉

品种来源 >> 新西兰品种。

单果重 >> 平均144.9克

可溶性固形物 >> 13.4%

特征特性 >> 果实短圆锥形。果实底色淡黄，果面全着鲜红色，有断续条纹；果面无锈，有光泽，果粉少，果点不太明显。果肉淡黄色，肉质细脆，汁液多，酸甜适宜，香气浓，品质优良。常温可储藏30天左右。采前落果很少（图2-6）。

图2-7 红露

红露

品种来源 >> 韩国品种，为早艳与金矮生杂交后代。

单果重 >> 平均235.6克

可溶性固形物 >> 14% 左右

特征特性 >> 果实长圆锥形。果实底色黄绿，着鲜红色条纹，光洁无锈。果肉黄白色，致密、较硬，脆甜、多汁，略带香气，去皮硬度8.16千克/厘米^2，品质上等。在河南灵宝地区8月中下旬成熟，无采前落果现象，室温下果实储存 2~3个月不发绵（图2-7）。

中熟品种

苹果中熟品种一般在8月底和9月成熟，此时正是瓜果大量上市的时节，也正值中秋、国庆双节临近之际，水果需求量大，而富士苹果尚未成熟，所以中熟品种市场潜力巨大。

图2-8　锦秀红

锦秀红

品种来源 >> 中国农业科学院郑州果树研究所育成，为华冠芽变品种。

单果重 >> 平均205克

可溶性固形物 >> 14.2%

特征特性 >> 果实近圆锥形。果实底色绿黄，果面全着鲜红色，充分成熟后呈浓红色；果面光洁、无锈。果肉淡黄色，肉质细、致密，脆而多汁，风味酸甜适宜，品质上等，可滴定酸含量0.21%，果肉硬度9.9千克/厘米^2。果实发育期150天，熟期与红星接近，果实耐储，不沙化。在郑州地区9月中旬成熟（图2-8）。

图2-9 中秋王

中秋王

品种来源 >> 红富士和新红星杂交培育而成。

单果重 >> 平均410克

可溶性固形物 >> 15%

特征特性 >> 果形高桩，果实着色好，色泽鲜艳，肉质硬脆、甜香爽口，抗病，采前不落果，在常温下可以储藏 3 个月。在山西晋城9月中下旬成熟（图2-9）。

图2-10 金冠

金冠

品种来源 >> 美国品种，又名金帅、黄香蕉、黄元帅。

单果重 >> 平均184克

可溶性固形物 >> 14.6%

特征特性 >> 果实圆锥形。果面金黄色，阳面稍具红晕；果面粗糙，果点大。果肉黄白色，肉质细脆，风味酸甜适度，具浓郁芳香，可滴定酸含量0.52%，适于鲜食。在郑州地区9月下旬成熟。丰产性好，树体适应性强，栽培范围广，但果实易生果锈（图2-10）。

图2-11 新红星

新红星

品种来源 >> 美国品种，元帅芽变系。

单果重 >> 平均230克左右

可溶性固形物 >> 13.5%

特征特性 >> 果实圆锥形，果顶五棱凸起明显，端正、高桩。果个较大，底色黄绿，果面全着浓红色，树冠内外着色均匀一致，鲜艳美观；果面光滑，有光泽，无锈，蜡质较多，果粉薄，果点较稀。果肉绿白色，肉质较细，松脆，汁多，风味酸甜，香气浓，微具涩味，品质中上，可滴定酸含量0.25%；较耐储藏（图2-11）。

图2-12 弘前富士

弘前富士

品种来源 >> 日本品种，目前最为早熟的富士品种之一。

单果重 >> 平均248克

可溶性固形物 >> 16.2%

特征特性 >> 果实近圆形，果形端正。果个大，果面呈条状鲜红色，果点圆形。果肉黄白色，松脆，果肉硬度10.9～12.5千克/厘米^2，汁多，酸甜适中，品质佳，耐储性同富士。果实发育期145天左右，在河北秦皇岛9月上中旬成熟，成熟期比富士早35～40天（图2-12）。

蜜脆

图2-13 蜜脆

品种来源 >> 美国品种。

单果重 >> 平均310克

可溶性固形物 >> 15.0%

特征特性 >> 果实圆锥形。着色有条纹，果面光滑，果点小。果肉乳白色，肉质极脆，果肉硬度9.20千克/厘米^2，风味微酸，有蜂蜜味，汁液特多，香气浓郁，品质优。成熟期为8月底至9月上旬。果实极耐储藏，常温下可储藏3个月，普通冷库可储藏7~8个月，储后风味更好。抗旱、抗寒性强，但不耐瘠薄。抗病、抗虫性强，但果实易缺钙，储藏期易发生苦痘病（图2-13）。

美味

图2-14 美味

品种来源 >> 加拿大实生种。

单果重 >> 平均270克

可溶性固形物 >> 12%~15%

特征特性 >> 果实圆柱形，高桩。盖色红色，着色有条纹，着色均匀；果面光滑，果点小。果肉淡黄色，风味甜，细脆，果肉硬度8.5千克/厘米^2，汁液多，有怡人香气，品质优，为鲜食品种。丰产性好，9月中下旬成熟，耐贫瘠，易管理，抗寒性强，对早期落叶病有一定的抗性（图2-14）。

晚熟品种

苹果晚熟品种成熟期在10月中下旬，此时中秋、国庆双节已过，市场趋于正常，需要一些易储存、抗寒力较强的品种。

图2-15　烟富6号

烟富6号

品种来源 >> 烟台市果树工作站从惠民短枝富士中选出的着色良好的短枝型富士品种。

单果重 >> 253～271克

可溶性固形物 >> 15.2%

特征特性 >> 果实扁圆至近圆形。果面光洁，易着色，色浓红。果肉淡黄色，致密硬脆，果肉硬度9.8千克/厘米^2，汁多，味甜。在山东烟台10月中旬成熟，果实极耐储藏（图2-15）。

图2-16　烟富8号

烟富8号

品种来源 >> 烟台现代果业科学研究院从富士系列芽变品种中选育出的红色优良品种。

单果重 >> 平均315克

可溶性固形物 >> 14%

特征特性 >> 果实长圆形，高桩，端正；果个大。果实着色好，全面浓红，艳丽。上色速度快，不用铺反光膜。果肉淡黄色，平均硬度9.2千克/厘米^2，以短果枝结果为主，有腋花芽结果习性，易成花结果。果台枝的抽生能力和连续结果能力较强，可连续结果2年的占45.7%，大小年结果现象轻。在山东烟台10月下旬成熟（图2-16）。

图2-17 烟富10号

烟富10号

品种来源 >> 烟台市果茶工作站选育，为烟富3号的芽变品种。

单果重 >> 平均326克

可溶性固形物 >> 15%

特征特性 >> 果实长圆形，高桩端正；果个大。果实着色全面浓红，色相为片红、艳丽。果肉淡黄色，肉质致密、细脆，平均硬度9.1千克/厘米^2，汁液丰富。10月下旬果实成熟（图2-17）。

图2-18 王林

王林

品种来源 >> 日本品种。

单果重 >> 平均196.8克

可溶性固形物 >> 12.8%

特征特性 >> 果实椭圆形或卵圆形。底色为黄绿色或绿黄色，阳面略有红晕；果面较光滑，果点大而明显。果肉乳白色，肉质细脆，果肉硬度8.1千克/厘米^2，风味酸甜适宜，有香气，汁液多，品质优，鲜食性状好，可滴定酸含量0.27%。果实发育期155天左右（图2-18）。

天红2号

图2-19 天红2号

品种来源 >> 河北农业大学选育。

单果重 >> 260克以上

可溶性固形物 >> 14.5%～16.8%

特征特性 >> 果实较大，圆形或近圆形，果形指数较高，在0.9以上，克服了某些短枝型富士苹果果实偏扁的缺点。果实香气浓，着色优良，果面光洁（图2-19）。

秦脆

图2-20 秦脆

品种来源 >> 西北农林科技大学选育，以长富2号×蜜脆育成。

单果重 >> 平均268克

可溶性固形物 >> 14.8%

特征特性 >> 果实圆柱形。果点小，果皮薄，果面光洁、蜡质厚，底色浅绿，套袋果着条纹红，不套袋果深红。果心小；果肉淡黄色，有香气，质地脆，果实去皮硬度6.70千克/厘米^2，汁液多，总糖含量12.6%，酸含量0.26%。在陕西洛川10月上旬成熟，生育期170天，无采前落果现象。果实耐储藏，0～2℃可储藏8个月以上。抗褐斑病能力强，早果性优，丰产性较好。适合早采，易感染苦痘病（图2-20）。

图2-21　维纳斯黄金

维纳斯黄金

品种来源 >> 日本品种。

单果重 >> 平均247克

可溶性固形物 >> 平均15.06%

特征特性 >> 果实长圆形，与金帅相似。套袋后果面金黄色，果肉黄色，肉质硬，甜味浓，有特殊芳香，果汁多，品质好。采收期与富士大致相同，10月中旬后达到可食采摘期，11月上旬采收风味浓郁（图2-21）。

图2-22　瑞雪

瑞雪

品种来源 >> 西北农林科技大学选育，以秦富1号×粉红女士选育而成。

单果重 >> 平均296克

可溶性固形物 >> 16.0%

特征特性 >> 果实圆柱形，高桩、端正。底色黄绿，阳面偶有少量红晕，果面洁净。果肉硬脆、细，酸味适宜，汁液多，香气浓，口感好。10月中旬成熟。室温下可储藏6个月（图2-22）。

图2-23 瑞阳

瑞阳

品种来源 >> 西北农林科技大学选育，以秦冠×富士育成。

单果重 >> 平均282.3克

可溶性固形物 >> 16.5%

特征特性 >> 果实圆锥形。果面光洁、细腻，颜色鲜红。果肉细脆，多汁，风味酸甜，香气较浓。早果性、丰产性、抗病性接近秦冠。10月中旬成熟。室温下可储藏3个月（图2-23）。

图2-24 瑞香红

瑞香红

品种来源 >> 西北农林科技大学选育，以秦富1号×粉红女士育成。

单果重 >> 平均197.3克

可溶性固形物 >> 16.1%

特征特性 >> 果实长圆柱形，高桩、端正，大小中等、整齐。果实底色黄绿，盖色鲜红，全面着色；果皮光滑，有光泽，果点小，数量中等，蜡质少，果粉薄。果肉黄白色，肉质细脆，果实硬度8.24千克/厘米^2，汁液多，风味酸甜，香气浓郁，品质佳。在陕西渭北地区10月下旬成熟。适应性和抗性强，可免套袋栽培，耐储藏（图2-24）。

图2-25 阿珍富士

阿珍富士

品种来源 >> 新西兰选育的富士浓红芽变品种，2016年引进我国。

单果重 >> 平均200～300克

可溶性固形物 >> 14.5%左右

特征特性 >> 果形端正。套袋、不套袋均易着色，套袋果果面为浓红型片红，果面光滑，果点小。果肉甜脆爽口，多汁。10月中下旬成熟。普通冷藏可储存到翌年3月（图2-25）。

图2-26 爱妃

爱妃

品种来源 >> 新西兰选育品种，亲本为嘎拉和布瑞本。

单果重 >> 平均200克左右

可溶性固形物 >> 15%

特征特性 >> 大型果，果实近圆形，大小整齐度高。果皮红色或暗红色。果肉致密脆硬，多汁，酸甜适口，有特殊香气，品质极佳。10月中下旬成熟。树势稳健，树枝开张，干性中强易成花，丰产性强，具有连年结果的能力（图2-26）。

二、葡萄优良品种

图2-27　夏黑无核

夏黑无核

品种来源 >> 欧美杂种，日本山梨县果树试验场利用巨峰与无核白杂交选育而成。

单穗重 >> 415克

单粒重 >> 平均3.5克（经植物生长调节剂处理能达到10克）

可溶性固形物 >> 20%～22%

特征特性 >> 果穗大小整齐；果粒近圆形，紫黑色或蓝黑色；果粉厚，果皮厚而脆；有浓草莓香味，鲜食品质上等。抗病性强，容易管理，花芽分化好，结果率高，易丰产，注意产量控制，产量过高，易造成上色困难。在郑州地区7月底成熟（图2-27）。

图2-28 郑艳无核

郑艳无核

品种来源 >> 欧美杂种，中国农业科学院郑州果树研究所于2013年育成。

单穗重 >> 平均618.3克，最大988.6克

单粒重 >> 平均4.0克，最大5.1克

可溶性固形物 >> 19.8%

特征特性 >> 早熟。果穗圆锥形；果粒成熟一致，椭圆形，粉红色，有草莓香味，品质较优。树势较强，花序大，开花前应进行花序整理，以改善果穗外观。喜微酸性沙壤土，要求钾肥充足。叶片较抗霜霉病，果实较抗葡萄炭疽病和葡萄白腐病。坐果率过高，需要疏果，不然会因挤压产生裂果，并且内部果粒着色差。在郑州地区7月中下旬成熟，适合温室促早栽培（图2-28）。

瑞都红玉

图2-29 瑞都红玉

品种来源 >> 瑞都香玉（京秀×香妃）高接时发现的红色芽变。

单穗重 >> 平均404克

单粒重 >> 平均5.52克

可溶性固形物 >> 18.20%

特征特性 >> 果穗松紧度适中，果皮红色，果肉脆，有玫瑰香气，口味香甜，品质上等，可滴定酸含量0.40%。每粒浆果2~4粒种子，不裂果。抗逆性和抗病性与传统欧亚种葡萄品种相当。果刷长，果肉硬度高，果梗抗拉力中或大，货架期较长，冷藏期可达3个月。雨量过大地区建议采用避雨栽培，丰产性好。在郑州地区8月上中旬成熟（图2-29）。

无核翠宝

图2-30 无核翠宝

品种来源 >> 欧亚种，山西省农业科学院果树研究所以瑰宝×无核白鸡心选育而成。

单穗重 >> 平均345克，最大570克

单粒重 >> 平均3.6克，最大5.7克

可溶性固形物 >> 17.2%

特征特性 >> 早熟无核。果穗中等大小；果粒着生紧密，大小均匀，倒卵圆形；果皮黄绿色，薄；果肉脆、硬，具玫瑰香气，酸甜爽口，风味独特，品质上等。果刷较短，果粒比较容易脱落。从萌芽到果实充分成熟需115天左右，在郑州地区7月下旬成熟（图2-30）。

图2-31 沈农金皇后

沈农金皇后

品种来源 >> 沈阳农业大学从早熟葡萄87-1自交后代中选育而成。

单穗重 >> 平均856克，最大1 367克

单粒重 >> 平均7.6克，最大11.6克

可溶性固形物 >> 16.6%

特征特性 >> 果穗圆锥形，穗形整齐，果穗大；果粒着生紧密，大小均匀，椭圆形；果皮金黄色，果皮薄，肉脆，种子1～2粒；味甜，有玫瑰香气，品质上等，可滴定酸含量0.37%。在沈阳地区8月下旬成熟，早果性好，定植后第2年开始结果，极丰产（图2-31）。

图2-32 早霞玫瑰

早霞玫瑰

品种来源 >> 欧亚种，大连市农业科学研究院以白玫瑰香×秋黑育成。

单穗重 >> 平均650克，最大1 680克

单粒重 >> 平均6克

可溶性固形物 >> 18%～20%

特征特性 >> 极早熟。果穗大；果粒近圆形，大小一致，具有浓郁的玫瑰香气；果皮深紫色，皮薄不涩不韧，果粉中等厚；果肉硬脆，不裂果、不落粒，商品性好。在郑州地区7月中下旬成熟。需要注意的是果实成熟后挂树期较短（图2-32）。

图2-33 蜜光

蜜光

品种来源 >> 河北省农林科学院昌黎果树研究所选育。

单穗重 >> 720.6克

单粒重 >> 平均9.5克，最大18.7克

可溶性固形物 >> 19.0%

特征特性 >> 果穗圆锥形；果粒着生较紧密，近圆形，紫红色，着色均匀一致，在白色果袋内可充分着色；果粉中等厚，果皮中等厚；果肉硬而脆，有玫瑰香气；鲜食品质上等，可滴定酸含量 0.49%。每果粒含种子2～3粒，多为2粒，种子与果肉易分离。在郑州地区8月上旬成熟（图2-33）。

图2-34 巨峰

巨峰

品种来源 >> 欧美杂种，日本大井上康氏用石原早生与森田尼杂交育成。

单穗重 >> 400克左右

单粒重 >> 8～10克

可溶性固形物 >> 15%～17%

特征特性 >> 果穗圆锥形，带副穗；果粒着生中等紧密，椭圆形，紫黑色；果粉厚，果皮有涩味；果肉较软，味甜有草莓香气。在郑州地区8月中旬成熟。抗病力较强，果实综合性状良好，是目前栽培面积最大的品种（图2-34）。

> **提示**
>
> 　　巨峰生产上主要存在两大问题，一是坐果率较低，落花严重；二是果穗大小粒严重。造成大小粒现象的原因很多，如自身遗传因素影响及受精时间过长、树势过旺等。开花前应控制氮肥，勿过量施用，注意摘心控制营养生长，开花前需要注意对花序进行修整。

图2-35 红艳无核

红艳无核

品种来源 >> 2016年中国农业科学院郑州果树研究所培育。

单穗重 >> 平均1 200克

单粒重 >> 平均4.5克，最大6.0克

可溶性固形物 >> 20.4%以上

特征特性 >> 深红色、大粒、无核，耐储运。果穗圆锥形，果粒成熟一致，椭圆形，不裂果。红艳无核具有良好的推广前景，弥补了我国红色、无核、大粒、早中熟鲜食葡萄品种匮乏的局面。在郑州地区8月上中旬成熟（图2-35）。

图2-36 户太8号

户太8号

品种来源 >> 陕西省户县葡萄研究所从巨峰系奥林匹亚芽变中选育而成。

单穗重 >> 600～800克

单粒重 >> 10～12克

可溶性固形物 >> 16.5%～18.6%

特征特性 >> 果穗紧凑；果粒紫黑色，充分成熟时黑色，果粉厚；耐储运性好，货架期较长。抗冻性强，对多种病害有较强抗性。在郑州地区8月中旬成熟（图2-36）。

> **提示**
>
> 户太8号在生长势旺盛时有落花落果现象，生产上应将培养中庸的树势作为重要的管理措施。开花前，肥水管理应十分慎重。必要时，可用植物生长调节剂处理花序，以促进坐果。

巨玫瑰

图2-37 巨玫瑰

品种来源 >> 欧美杂种，四倍体，大连市农业科学研究院选育而成。

单穗重 >> 500～600克

单粒重 >> 8～9克

可溶性固形物 >> 19%～25%

特征特性 >> 中熟。果穗圆锥形，带副穗；坐果好，果粒着生中等紧密，椭圆形；果皮紫红色，充分成熟时紫黑色，果皮中等厚；果肉偏软，果实甜香，口感佳，具有玫瑰香气，品质优异。较抗灰霉病、穗轴褐枯病等，丰产稳产，不耐储运。在郑州地区8月中旬成熟（图2-37）。

醉金香

品种来源 >> 辽宁省农业科学院园艺研究所以沈阳玫瑰和巨峰为亲本育成，别名茉莉香。

单穗重 >> 400～500克

单粒重 >> 10克

可溶性固形物 >> 18%以上

特征特性 >> 生长势中等偏强，果穗圆锥形，无副穗，落果较严重，果粒着生较松散；果实卵圆形，果粒大小不均匀；果皮黄绿色，充分成熟时为金黄色；果肉质地偏软，口感极佳，有玫瑰香气，品质上等。无核化栽培时，果粒大小均匀，果实变硬，但易产生僵果。果实易发生日灼病，丰产稳产，耐储运性中等。在郑州地区8月中旬成熟（图2-38）。

图2-38 醉金香

> **提示**
>
> 本品种可作为主栽品种的搭配品种使用，以观光采摘为目的时，也可以作为主栽品种。

图2-39　藤稔

藤稔

品种来源 >> 亲本为红蜜和先锋。巨峰系第3代品种，四倍体。别名金藤、紫藤、乒乓葡萄。

单穗重 >> 500克，用植物生长调节剂处理后可达700~800克

单粒重 >> 12克

可溶性固形物 >> 15%~17%

特征特性 >> 扦插苗生长势较弱。果穗圆锥形，带副穗，坐果较好；果粒中等紧密，椭圆形，对植物生长调节剂敏感，处理后果粒明显增大。丰产稳产。耐储运性中等。果实容易裂果，果肉先降酸后着色增糖，提前采收容易造成糖度偏低、口感偏淡。在郑州地区8月中旬成熟（图2-39）。

图2-40　金手指

金手指

品种来源 >> 欧美杂种，日本品种，1991年引入我国。

单穗重 >> 平均445克，最大980克

单粒重 >> 6克左右

可溶性固形物 >> 18%~23%

特征特性 >> 果穗圆锥形；果粒着生中等紧密，近似指形，中间粗两头细；果皮黄绿色至金黄色，果皮薄而韧；果实脆、极甜，风味极佳。容易感染果实白腐病，果实不耐储运。在郑州地区8月上旬成熟（图2-40）。

> **提示**
>
> 　　金手指可在高消费地区种植，作为观光采摘或就近销售，因其具有优异的商品性状，可适当提高销售价格。

图2-41　阳光玫瑰

阳光玫瑰

品种来源 >> 欧美杂种，日本农业食品产业技术综合研究机构以安芸津21与白南为亲本杂交育成。

单穗重 >> 平均750~1 000克

单粒重 >> 平均12~14克

可溶性固形物 >> 20%左右

特征特性 >> 玫瑰香气浓郁。果粒绿黄色，坐果好，易栽培。肉质硬脆，可切片，品质极佳。不裂果，对植物生长调节剂敏感，盛花期和盛花后用植物生长调节剂处理，可以使果粒无核化并膨大，更加有商品性。抗病性强，耐储运，无脱粒现象。在郑州地区9月中旬成熟（图2-41）。

新郁

图2-42　新郁

品种来源 >> 欧亚种，新疆葡萄瓜果研究所以E42-6(红地球实生)×里扎马特育成。

单穗重 >> 800克以上，最大2 300克

单粒重 >> 平均11.6克

可溶性固形物 >> 16.8%

特征特性 >> 果穗圆锥形，紧凑，极大；果粒椭圆形；果皮紫红、中厚，果粉中等；果肉较脆，汁多，味酸甜，品质中上。果刷耐拉力较强。每粒果含种子2～3粒，种子与果肉易分离。储运性较好，适应性较强。在郑州地区9月上中旬成熟（图2-42）。

红地球

图2-43　红地球

品种来源 >> 欧亚种，从美国引入。别名红提、大红球、晚红。

单穗重 >> 600克以上

单粒重 >> 12～14克

可溶性固形物 >> 17%～19%

特征特性 >> 果穗长圆锥形，极大，松散适度；果粒圆形或卵圆形，着生紧密，果刷拉力大，不落粒；果皮中等厚，色泽鲜红或暗紫红色，果粉明显；果肉硬、脆、甜。抗寒、抗病力差，尤其容易感染黑痘病、霜霉病、白腐病等，容易发生日灼病。产量不够稳定，极耐储运。在郑州地区9月上旬成熟（图2-43）。

图2-44 魏可

提示

可作为晚熟主栽品种的搭配品种，也可以作为晚熟主栽品种。

魏可

品种来源 >> 日本山梨县用Kubel Muscat 与甲斐露杂交选育而成，1999年由南京农业大学引入我国。

单穗重 >> 平均450克

单粒重 >> 8～10克

可溶性固形物 >> 20%以上

特征特性 >> 极晚熟。果穗圆锥形，较大，大小整齐；果粒着生较松，卵圆形，较大，有小青粒现象；果皮紫红色至紫黑色。品质优良，风味特好，在南方种植面积较大。抗病性强，丰产性好，耐储运。果实易发生日灼病，易感染白腐病。在郑州地区9月中旬成熟（图2-44）。

图2-45 比昂扣

比昂扣

品种来源 >> 原产于日本。又名白罗莎里奥。

单穗重 >> 500～600克

单粒重 >> 9克

可溶性固形物 >> 19%～21%

特征特性 >> 生长势极强。果穗较大且大小整齐；果粒着生中等，短椭圆形，黄绿色；果粉厚，皮薄而韧；果肉脆，味甜，有淡玫瑰香气，品质上等。种子多为2粒。在郑州地区8月下旬成熟（图2-45）。

摩尔多瓦

品种来源 >> 欧美杂种，摩尔多瓦共和国以古扎丽卡拉(Guzali Kala)×SV12375育成，1997年我国从罗马尼亚引入。

单穗重 >> 平均650克

单粒重 >> 平均9.0克

可溶性固形物 >> 16.9%

特征特性 >> 酿酒鲜食兼用品种。生长势极强。果粒着生中等紧密，果粒大，短椭圆形，蓝黑色，非常漂亮，果粉厚；果肉柔软多汁，品质上等。全穗着色均匀一致。结实力极强，丰产性极强。抗旱、抗寒、高抗霜霉病，全年基本无病害。在郑州地区8月下旬成熟（图2-46）。

图2-46 摩尔多瓦

红宝石无核

品种来源 >> 欧亚种，美国加利福尼亚州采用皇帝与Pirovan075杂交培育，又名大粒红无核、鲁比无核、鲁贝无核等。

单穗重 >> 850克，最大1 500克

单粒重 >> 平均4.2克

可溶性固形物 >> 17%

特征特性 >> 晚熟无核。果穗大，圆锥形，有歧肩；果粒紧凑，偏小，卵圆形；果皮红紫色，果皮薄，风味佳。较耐储运。目前在山东、河北栽培面积较大。在郑州地区9月中旬成熟（图2-47）。

图2-47 红宝石无核

三、桃优良品种

毛桃品种

图2-48 黄金蜜桃7号

黄金蜜桃7号

品种来源 >> 中国农业科学院郑州果树研究所选育。

果肉颜色 >> 黄色

单果重 >> 150～265克

可溶性固形物 >> 13%～16%

特征特性 >> 早熟。果实圆形、端正，底色黄，非套袋果成熟后果面着少许红色，套袋果果面为金黄色。风味浓甜，品质优，肉质较硬，留树时间及货架期长，耐运输。粘核。有花粉，丰产。在郑州地区6月上旬成熟，果实发育期68天（图2-48）。

图2-49 中桃13

中桃13

品种来源 >> 中国农业科学院郑州果树研究所选育。

果肉颜色 >> 白色

单果重 >> 185～260克

可溶性固形物 >> 12%～14%

特征特性 >> 早熟。果实底色白净，果形端正优美。SH肉质，果肉细腻，口感脆甜，品质优良，极丰产。留树时间及货架期长，耐储运。粘核。有花粉，丰产。在郑州地区6月上旬成熟，果实发育期66天（图2-49）。

图2-50 黄金蜜桃1号

黄金蜜桃1号

品种来源 >> 中国农业科学院郑州果树研究所选育。

果肉颜色 >> 金黄色

单果重 >> 150～175克

可溶性固形物 >> 11%～14%

特征特性 >> 果实圆整，成熟后果皮底色金黄，部分果面被鲜红色。果肉脆，完熟后柔软多汁，风味浓甜，香气浓郁，品质优。粘核。自花结实，丰产，需冷量550小时。在郑州地区6月上旬成熟，果实发育期65～68天（图2-50）。

图2-51　春美

春美

品种来源 >> 中国农业科学院郑州果树研究所培育。

果肉颜色 >> 白色

单果重 >> 平均192克，大果250克以上

可溶性固形物 >> 12% ～14%

特征特性 >> 果实近圆形，果皮底色乳白，成熟后多数果面着鲜红色，较美观；肉质细，溶质，风味甜，品质优。核硬，不裂果。有花粉，自花结实力强，极丰产。果实硬度中等，较耐储运。在郑州地区6月10日左右成熟，果实发育期70天左右（图2-51）。

图2-52　中桃9号

提示

中桃9号适合全国各桃主产区栽培，果实适当晚采可获得更优品质。

中桃9号

品种来源 >> 中国农业科学院郑州果树研究所选育。

果肉颜色 >> 白色

单果重 >> 230～336克

可溶性固形物 >> 12% ～14%

特征特性 >> 早熟。大果型，果实近圆形，较端正。果皮底色白，成熟时全面着浓红色，偶有轻微条状突起。果肉硬度高，口感浓甜，品质优。粘核。有花粉，自花结实。留树时间长，丰产，极耐储运。在郑州地区3月下旬开花，果实6月中旬成熟，可留树至7月初，果实发育期75天左右（图2-52）。

图2-53 霞脆

霞脆适合各桃产区栽培。生产上要合理负载，加强肥水管理，多施有机肥。

霞脆

品种来源 >> 江苏省农业科学院园艺研究所选育。

果肉颜色 >> 白色

单果重 >> 平均165克，最大300克

可溶性固形物 >> 11%～13%

特征特性 >> 早中熟。果实近圆形，果顶平，缝合线两侧较对称。果皮乳白色，着色较好，腹部有少量锈条纹，果皮不能剥离。果肉无红色素，肉质细、致密，汁液中等，风味甜。粘核。花粉多，自花结实率高，丰产性好。耐储性好，常温下可存放1周以上。在南京地区7月初成熟，果实发育期95天左右（图2-53）。

图2-54 中桃5号

中桃5号

品种来源 >> 中国农业科学院郑州果树研究所培育。

果肉颜色 >> 白色

单果重 >> 平均263克，大果500克以上

可溶性固形物 >> 12.6%～13.9%

特征特性 >> 中熟。果实圆形，果顶微凹，两半部对称。果实大，表面茸毛中等，底色浅绿白，成熟时多数果面着红色，美观。溶质，肉质细，汁液中多，风味甜，品质优良。总糖含量10.9%，总酸含量0.27%，每100克含维生素C 11.56毫克。粘核。花粉红色，花粉多，丰产性好。在郑州地区7月下旬成熟，果实发育期约120天（图2-54）。

图2-55　黄金蜜桃3号

黄金蜜桃3号

品种来源 >> 中国农业科学院郑州果树研究所培育。

果肉颜色 >> 金黄色

单果重 >> 平均256克，最大350克以上

可溶性固形物 >> 13%～14%

特征特性 >> 中晚熟。果实近圆形，果顶平，果皮底色浅黄色，80%以上果面着深红色。果肉质地较致密，肉细，风味浓甜，有香气。粘核，无裂核及裂果现象，生理落果和采前落果轻。花粉多，自花结实率高，早果性、丰产性好。在郑州地区7月底至8月上旬成熟，果实发育期125天左右（图2-55）。

> **提示**
>
> 　　黄金蜜桃3号在栽培上要注意加强肥水管理，底肥要施足有机肥，在果实成熟前35天和20天各追施一次钾肥。注意疏花疏果，一般长果枝留3～4个果，中果枝留2～3个果，短果枝留1～2个果。注意防治桃小食心虫和桃蛀螟等蛀果害虫。果实宜套双层纸袋，成熟前可不开袋见光，连袋采摘。

图2-56 锦绣黄桃

锦绣黄桃

品种来源 >> 上海市农业科学院园艺研究所选育。

果肉颜色 >> 金黄色

单果重 >> 平均200克，大果400克以上

可溶性固形物 >> 13%～15%

特征特性 >> 加工及鲜食兼用。果实椭圆形或近圆形，果个较大，果顶圆，果皮底色绿黄，部分果面着红色晕。鲜食甘甜，气味芳香。果肉较硬，耐储运。粘核，果核较小。花粉量大，自花结实，丰产。在郑州地区8月上旬成熟，果实发育期125天左右（图2-56）。

图2-57 黄金蜜桃5号

黄金蜜桃5号

品种来源 >> 中国农业科学院郑州果树研究所培育而成。

果肉颜色 >> 黄色

单果重 >> 平均224克，大果400克以上

可溶性固形物 >> 14%～16%

特征特性 >> 晚熟。果实端正，近圆形，果顶圆平，微凹，果个大。果皮底色黄，成熟后着浓红色，套袋后果面呈金黄色。果肉近核处多花青苷，显红色，硬溶质，汁液中多，风味浓甜，品质优。粘核。花粉多，自花结实，丰产。在郑州地区8月中下旬成熟，果实发育期140天左右（图2-57）。

提示

黄金蜜桃5号果实成熟期正值黄肉鲜食桃空档期，市场售价高。因果实发育期长，其间易受病虫侵扰，建议套双层纸袋生产，可带袋采收，果面金黄，深受市场欢迎。

图2-58　中桃22

中桃22

品种来源 >>　中国农业科学院郑州果树研究所选育。

果肉颜色 >>　白色

单果重 >>　平均267克，大果430克以上

可溶性固形物 >>　12.2%～13.7%

特征特性 >>　晚熟。果实大，呈圆形，果顶圆平，缝合线浅而明显，两半部较对称，成熟度一致。果实表面茸毛中等，底色乳白，成熟时50%以上果面着深红色，较美观。溶质，肉质细，近核处红色素较多，汁液中等，风味甜香，品质优，总糖含量11.4%，总酸含量0.32%。粘核。花粉多，极丰产。在郑州地区9月中下旬成熟，果实发育期约170天（图2-58）。

> **提示**
>
> 　　中桃22栽培管理上注意适时适量疏果，并进行套袋。秋冬重施基肥，翌年7月下旬追施一次磷、钾肥。果实发育中后期要适当疏枝摘叶，以增进果实着色。

图2-59　中油4号

中油4号

品种来源　>>　中国农业科学院郑州果树研究所育成。

果肉颜色　>>　橘黄色

单果重　>>　平均148克，最大206克

可溶性固形物　>>　14%～16%

特征特性　>>　早熟。果实短椭圆形，果顶圆，偶有突尖，缝合线浅。果皮底色黄，全面着鲜红色，艳丽美观，果皮难剥离。硬溶质，肉质较细，风味浓甜，香气浓郁，品质优。粘核。花粉多，坐果率极高，极丰产。在郑州地区6月中旬成熟，果实发育期74天左右（图2-59）。

> **提示**
>
> 　　中油4号是我国早熟油桃主栽品种。冬剪时结果枝宜适当短截，并在翌年5月初及时疏果。待果实充分膨大时适时采收，不宜根据着色过早采收。

图2-60　中油18

提示

中油18可作为主栽品种发展，果实全红后可留树15天以上，适当晚采可获得更好的品质。

中油18

品种来源 >> 中国农业科学院郑州果树研究所选育而成。

果肉颜色 >> 白色

单果重 >> 160～263克，大果400克以上

可溶性固形物 >> 11%～13%

特征特性 >> 早熟。果形圆，果顶平，对称，缝合线中等明显，果皮底色浅绿白，全面着玫瑰红晕，果皮不能剥离。果皮下花青苷少，果肉有花青苷，近核果肉无花青苷，果肉纤维少，SH肉质，甜。粘核。有花粉，丰产，耐储运。在郑州地区6月上中旬成熟，果实发育期75天左右（图2-60）。

图2-61　中油26

中油26

品种来源 >> 中国农业科学院郑州果树研究所培育。

果肉颜色 >> 黄色

单果重 >> 平均212～360克

可溶性固形物 >> 13%～16%

特征特性 >> 早熟。果实近圆形，鲜红色，亮泽美观。果型较大，硬溶质，品质优，成熟后留树时间10天以上。自花结实，极丰产。在郑州地区6月下旬成熟，果实发育期85～90天（图2-61）。

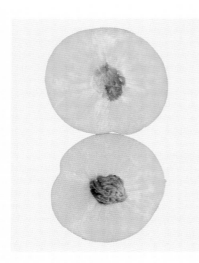

图2-62 中油22

中油22

品种来源 >> 中国农业科学院郑州果树研究所育成。

果肉颜色 >> 黄色

单果重 >> 205～310克

可溶性固形物 >> 18%～20%

特征特性 >> 中熟。大果型，果形圆整，果面全红，硬溶质，风味浓甜，有香气，品质优。离核。有花粉，极丰产，耐储运。7月中旬成熟，果实发育期约105天（图2-62）。

> **提示**
>
> 中油22在市场油桃空档期上市，效益高，可作为主栽品种大面积种植。

图2-63 中油20

中油20

品种来源 >> 中国农业科学院郑州果树研究所培育。

果肉颜色 >> 白色

单果重 >> 平均210克，大果370克以上

可溶性固形物 >> 14.1%

特征特性 >> 中熟。大果型，果形圆，果顶圆，对称，缝合线中等明显，果皮底色浅绿白，全面着玫瑰红晕，果皮不能剥离。果皮下花青苷少，果肉有花青苷，近核果肉花青苷中等。SH肉质，果肉纤维少，甜，品质优。粘核。有花粉，自花结实，丰产，耐储运。在郑州地区7月中旬成熟，果实发育期110天左右（图2-63）。

> **提示**
>
> 中油20在市场油桃空档期上市，效益高，可作为主栽品种大面积种植。建议在果实充分膨大、糖分充分积累后采收。

图2-64 中油8号

中油8号

品种来源 >> 中国农业科学院郑州果树研究所培育。

果肉颜色 >> 金黄色

单果重 >> 平均180～256克

可溶性固形物 >> 14%～17%

特征特性 >> 中晚熟。果形圆整，果顶平，微凹，果皮底色浅黄，成熟后80%以上果面着玫瑰红色，果面光洁，外观美。果肉较硬，肉质细，风味甜香。粘核。花粉多，自花结实能力强，丰产性好。在郑州地区7月底至8月初成熟，果实发育期122天左右（图2-64）。

图2-65 中油24

中油24

品种来源 >> 中国农业科学院郑州果树研究所育成。

果肉颜色 >> 黄色

单果重 >> 平均258～390克

可溶性固形物 >> 15%～18%

特征特性 >> 晚熟。大果型，果实圆整，慢溶质，较耐储运，风味浓甜，有香气，品质优。有花粉，丰产。8月中下旬成熟，果实发育期约140天（图2-65）。

提示

中油24可填补晚熟黄肉油桃品种的空缺，市场前景看好。

图2-66　早露蟠桃

早露蟠桃

品种来源 >> 北京市农林科学院林业果树研究所育成。

果肉颜色 >> 乳白色

单果重 >> 平均85克，最大124克

可溶性固形物 >> 9%～11%

特征特性 >> 早熟蟠桃。果形扁平，果顶凹入，缝合线浅。果皮黄白色，具玫瑰红晕，茸毛中等，果皮易剥离。近核处微红，柔软多汁，味浓甜，有香气，品质优良。粘核。花粉量多，极丰产。在郑州地区6月10日左右成熟，果实发育期68天（图2-66）。

> **提示**
>
> 　　早露蟠桃适合露地和保护地栽培。果实发育期短，应在落花后增施磷、钾肥，以保证果实发育。坐果率高，应注意疏果，否则果个偏小。

图2-67 中蟠108

提示

中蟠108适合在江苏、浙江、山东、河南等桃适栽地区种植。

中蟠108

品种来源 >> 中国农业科学院郑州果树研究所育成。

果肉颜色 >> 黄色

单果重 >> 165~220克

可溶性固形物 >> 14%～17%

特征特性 >> 早熟蟠桃。果形扁平，果顶闭合较好，偶有裂顶，果实中大。果皮底色黄色，全面着鲜红或浓红彩色，茸毛中短。果肉慢溶质，浓甜有香，品质优。粘核。自花结实，丰产，耐储运。在郑州地区6月上中旬成熟，果实发育期约70天（图2-67）。

图2-68 中蟠102

提示

中蟠102适合在江苏、浙江、山东、河南等桃适栽地区种植。

中蟠102

品种来源 >> 中国农业科学院郑州果树研究所育成。

果肉颜色 >> 黄色

单果重 >> 153~258克

可溶性固形物 >> 17%左右

特征特性 >> 早熟油蟠桃。果形扁平，果顶凹陷、不裂。果实中大。慢溶质，浓甜，有香气，品质优。粘核。有花粉，极丰产。在郑州地区6月下旬成熟，果实发育期约80天（图2-68）。

图2-69　中蟠104

提示

　　中蟠104适合在江苏、浙江、山东、河南等桃适栽地区种植。

中蟠104

品种来源 >> 中国农业科学院郑州果树研究所培育。

果肉颜色 >> 黄色

单果重 >> 185～226克

可溶性固形物 >> 15%～18%

特征特性 >> 晚熟蟠桃。果实扁平，果顶未见裂痕。果皮底色黄，成熟后果面可着鲜红色。慢溶质，果肉风味浓甜，香气较浓郁，品质优。粘核。有花粉，丰产。在郑州地区8月初成熟，果实发育期123天（图2-69）。

图2-70　油蟠桃36-3

提示

　　油蟠桃36-3既适合常规露地栽培，又适合保护地栽培，即使不疏果，品质依然优良，特别适合观光采摘。多雨地区易裂果，长江流域及以南种植，需采取避雨措施。

油蟠桃36-3

品种来源 >> 中国农业科学院郑州果树研究所培育。

果肉颜色 >> 乳白色

单果重 >> 平均92克，最大152克以上

可溶性固形物 >> 14%～16%

特征特性 >> 早熟。果实扁平形，缝合线明显，两侧较对称，果顶凹，无裂痕。果皮底色绿白，表面光滑无毛，整个果面鲜红或玫瑰红色，艳丽美观。肉质细，溶质，汁液丰富，风味浓甜，有果香，品质优。果实可食率95.6%。花粉多，自交结实率36.9%，丰产稳产。在郑州地区6月中旬成熟，果实发育期75天左右（图2-70）。

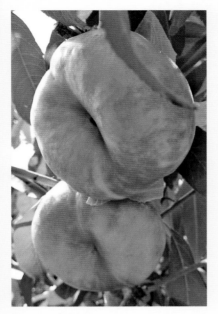

图2-71　中油蟠9号

中油蟠9号

品种来源 >> 中国农业科学院郑州果树研究所培育。

果肉颜色 >> 黄色

单果重 >> 平均200克，大果350克

可溶性固形物 >> 15%

特征特性 >> 中熟油蟠桃。大果型，果形扁平，硬溶质，肉质致密，风味浓甜，品质上等。粘核。丰产，耐储运。在郑州地区7月上旬成熟（图2-71）。

图2-72　金霞油蟠桃

提示

　　金霞油蟠桃适合在江苏、浙江、山东、河南等桃适栽地区种植。

金霞油蟠桃

品种来源 >> 江苏省农业科学院园艺研究所选育。

果肉颜色 >> 黄色

单果重 >> 平均121克，大果达197克

可溶性固形物 >> 14.5%

特征特性 >> 中熟油蟠桃。果实扁平形，果顶凹入，果心小或无果心，基本不裂。果面60%以上着红色，有的年份几乎全红。肉质硬脆爽口，完熟后柔软多汁，纤维中等，风味甜，品质佳，粘核。有花粉，早果性好，丰产稳产。在南京地区7月20日左右成熟，果实生育期约114天（图2-72）。

图2-73　风味太后

风味太后

品种来源 >> 中国农业科学院郑州果树研究所选育。

果肉颜色 >> 金黄色

单果重 >> 110克左右

可溶性固形物 >> 16%～18%

特征特性 >> 中熟油蟠桃。果实扁平形，果顶凹入，外观金黄，几乎不着色，精致美观。硬溶质，风味甜香，品质极佳。粘核。有花粉，极丰产。在郑州地区7月中下旬成熟，果实发育期105天左右（图2-73）。

> **提示**
>
> 风味太后是特色精品油蟠桃，是高档礼品首选。适合淮河以北干旱半干旱地区栽培。

图2-74　中油蟠味帝

中油蟠味帝

品种来源 >> 中国农业科学院郑州果树研究所选育。

果肉颜色 >> 橙黄色

单果重 >> 213～310克

可溶性固形物 >> 15%～19%

特征特性 >> 晚熟油蟠桃。果实平整、端正，套袋后果面橙黄色，不返红，十分美观。不溶质，风味浓甜，香气浓郁，品质优。自花结实，极丰产。货架期长，耐储运。在郑州地区8月上旬成熟，果实发育期136天左右（图2-74）。

四、梨优良品种

早熟品种

图2-75　早酥蜜

早酥蜜

品种来源 >>　中国农业科学院郑州果树研究所培育。

单果重 >>　300克

可溶性固形物 >>　13.6%

特征特性 >>　果实卵圆形，绿黄色，果肉细嫩，汁特多，石细胞极少，甘甜味浓。在郑州地区7月中旬成熟，货架期长（图2-75）。

> **提示**
>
> 　　早酥蜜适合在华北、西北、西南及黄河故道地区种植。

图2-76　中梨1号

中梨1号

品种来源 >>　中国农业科学院郑州果树研究所培育。

单果重 >>　平均280克

可溶性固形物 >>　12%～13.5%

特征特性 >>　果实近圆形或扁圆形，果皮翠绿色，肉质细脆，汁多，味甘甜爽口，品质极佳。丰产稳产，抗病，耐高温多湿，但多雨地区有轻微裂果现象。在郑州地区7月中旬成熟（图2-76）。

图2-77 中梨4号

中梨4号

品种来源 >> 中国农业科学院郑州果树研究所培育。

单果重 >> 350克

可溶性固形物 >> 11.0% ~ 12.8%

特征特性 >> 果实近圆形，绿色，果肉细脆，汁多，石细胞极少，味甜适口。耐高温多湿，货架期长。在郑州地区7月中旬成熟（图2-77）。

> **提示**
>
> 中梨4号适合在华中、华南、西南及黄河故道地区种植。

图2-78 翠冠

翠冠

品种来源 >> 浙江省农业科学院园艺研究所选育而成。

单果重 >> 平均280克

可溶性固形物 >> 11% ~ 12%

特征特性 >> 果实扁圆形，果皮绿色，淮河以南地区及多雨年份易生果锈；肉质酥脆多汁，石细胞少，味甘甜爽口，品质上等。在郑州地区7月中下旬成熟（图2-78）。

> **提示**
>
> 翠冠适应性较广，在华北及西北梨主产区的品质比原产地更好，我国广大梨区皆可种植。

图2-79 翠玉

提示

翠玉可在我国广大梨区种植。

翠玉

品种来源 >> 浙江省农业科学院园艺研究所以西子绿为母本、翠冠为父本杂交选育而成。

单果重 >> 平均250克

可溶性固形物 >> 10.5%～11.5%

特征特性 >> 早熟。果实圆形，果面光滑，果皮黄绿色，外形整齐美观。肉质松脆细嫩，味甜汁多，品质上等。早果性强，丰产稳产。在郑州地区7月中旬成熟（图2-79）。

图2-80 早红玉

早红玉

品种来源 >> 中国农业科学院郑州果树研究所培育。

单果重 >> 平均280克

可溶性固形物 >> 11.0%～12.5%

特征特性 >> 果实近圆形，果面60%着红色。肉质酥脆，汁多味甜，石细胞少，果心小。果皮韧性好，耐运输，果实大小整齐，商品果率高。在郑州地区7月底成熟（图2-80）。

提示

早红玉可在我国黄河故道、华北南部、长江流域及华南地区栽培发展。

图2-81　早红蜜

早红蜜

品种来源 >> 中国农业科学院郑州果树研究所培育。

单果重 >> 平均260克

可溶性固形物 >> 11.0%～12.5%

特征特性 >> 果实卵圆形，果面70%着红色。肉质松，汁液多，石细胞少，果心小，风味甘甜无酸味。抗病性强。早果性强，丰产性好。在郑州地区7月中旬成熟（图2-81）。

图2-82　红玛瑙

红玛瑙

品种来源 >> 中国农业科学院郑州果树研究所培育。

单果重 >> 平均280克

可溶性固形物 >> 12%～13%

特征特性 >> 果实纺锤形。果面50%以上着鲜红色，肉质细脆，汁液多，石细胞少，果心小，味甘甜。早果丰产，较耐储藏。在郑州地区7月中旬成熟（图2-82）。

> **提示**
>
> 红玛瑙栽培管理容易，适合在我国广大梨区种植。

图2-83　新梨7号

提示

> 新梨7号果实早采具草青味，应以适当晚采为宜。

新梨7号

品种来源 >> 新疆塔里木大学以库尔勒香梨为母本、早酥梨为父本杂交培育而成。

单果重 >> 平均176克

可溶性固形物 >> 11%～12%

特征特性 >> 早熟。果实卵圆形。果面底色绿色，阳面具少许条形红晕，有光泽。果皮薄，果心小，果肉白色，石细胞极少，肉质细腻酥脆，汁液多，风味淡甜，品质优良。在郑州地区7月底至8月初成熟（图2-83）。

图2-84　玉香蜜

玉香蜜

品种来源 >> 中国农业科学院郑州果树研究所培育。

单果重 >> 300克

可溶性固形物 >> 12.0%～13.8%

特征特性 >> 果实卵圆形，果面光滑，洁白如玉，肉质细腻，脆甜味浓。较耐储藏。在郑州地区8月中下旬成熟（图2-84）。

提示

> 玉香蜜适合在华北、西北、辽宁西南及渤海湾地区种植。

图2-85 黄冠

黄冠

品种来源 >> 河北省农林科学院石家庄果树研究所以雪花梨为母本、新世纪为父本杂交培育而成。

单果重 >> 平均300克

可溶性固形物 >> 10.5%～11.5%

特征特性 >> 果实椭圆形，黄绿色，果个大，果面光洁，果心小，果肉洁白，肉质细脆稍紧，石细胞少。风味好，酸甜适口，具有清香味。8月上中旬成熟。常温下可储藏20天，在冷藏条件下可储至翌年3～4月（图2-85）。

图2-86 圆黄

圆黄

品种来源 >> 韩国园艺研究所用早生赤×晚三吉育成。

单果重 >> 平均360克

可溶性固形物 >> 12%～13%

特征特性 >> 早熟。果实圆形，果皮浅褐色，果肉白色，肉质细腻，柔软多汁，味甘甜，石细胞极少，果心小，品质上等。不耐储藏。在郑州地区8月中旬成熟（图2-86）。

图2-87 黄金

黄金

品种来源 >> 韩国园艺试验场罗州支场杂交育成。

单果重 >> 平均380克

可溶性固形物 >> 12%~13%

特征特性 >> 果实大，黄绿色，近圆形或扁圆形，果形端正，外形美观。果肉乳白色，果心小，石细胞极少，肉质脆嫩，汁液多，味甜有香气，品质上等。果实不耐储藏。在郑州地区8月中下旬成熟（图2-87）。

图2-88 玉露香

玉露香

品种来源 >> 山西省农业科学院果树研究所以库尔勒香梨为母本、雪花梨为父本杂交育成。

单果重 >> 平均260克

可溶性固形物 >> 12.0%~13.5%

特征特性 >> 中熟。果实近圆形，果面光洁细腻具蜡质。果皮绿黄色，阳面着红晕或暗红色纵向条纹。果肉白色，肉质酥脆，汁液特多，石细胞极少，果心小，味甜可口，品质极上。果实耐储藏。在郑州地区8月中旬成熟。在自然土窑洞内可储藏4~6个月，在恒温冷库内可储藏6~8个月（图2-88）。

图2-89　红酥蜜

红酥蜜

品种来源 >> 中国农业科学院郑州果树研究所培育。

单果重 >> 平均300克

可溶性固形物 >> 11%～12%

特征特性 >> 果实近圆形，果面60%着红色。肉质细脆，汁液多，石细胞少，果心小，味甘甜可口。果实耐储藏。在郑州地区8月上中旬成熟（图2-89）。

提示

红酥蜜适应性强，适合在我国广大梨区种植。

图2-90　红酥宝

红酥宝

品种来源 >> 中国农业科学院郑州果树研究所培育。

单果重 >> 平均300克

可溶性固形物 >> 11%～12%

特征特性 >> 果实长圆形或圆柱形，果面60%着红色。肉质细脆，汁液多，石细胞少，果心小，甘甜味浓。早果丰产。在郑州地区8月中下旬成熟（图2-90）。

提示

红酥宝适合在华北、西北等地种植。

图2-91　丹霞红

丹霞红

品种来源 >> 中国农业科学院郑州果树研究所以中梨1号为母本、红香酥为父本杂交培育而成。

单果重 >> 平均300克

可溶性固形物 >> 12.0%～13.5%

特征特性 >> 中熟。果实近圆形或圆锥形，果面40%着红色。肉质细嫩多汁，石细胞少，果心小，味甘甜爽口。对早期落叶病、黑星病等均具有较强的抗性。果实耐储藏。在郑州地区8月中下旬成熟（图2-91）。

> **提示**
>
> 　　丹霞红适合在华北、西北及渤海湾地区栽培。

图2-92　秋月

提示

　　秋月梨适合在我国中东部及长江流域地区推广种植。

秋月

品种来源 >> 日本农林水产省果树试验场以162-29（新高×丰水）×幸水育成。

单果重 >> 平均400克

可溶性固形物 >> 12.5%～14.5%

特征特性 >> 晚熟。果个大，果实扁圆形，果形端正，果实整齐度极高。果皮棕褐色，果色纯正。果肉白色，肉质酥脆，汁液多，石细胞少，口感香甜，品质上等；果心小，可食率95%以上。果实耐储藏。在郑州地区9月上旬成熟（图2-92）。

图2-93　红香酥

提示

　　红香酥适合在华北、西北及渤海湾地区种植。

红香酥

品种来源 >> 中国农业科学院郑州果树研究所培育。

单果重 >> 平均260 克

可溶性固形物 >> 12.0%～13.5%

特征特性 >> 果实长卵圆形或纺锤形，果面洁净、光滑，果点中等较密，果皮绿黄色，向阳面 2/3 果面鲜红色。果肉白色，肉质致密细脆，石细胞较少，汁多，味香甜，品质上等。适应性广，高抗黑星病。在郑州地区9月上旬成熟（图2-93）。

图2-94　红酥脆

红酥脆

品种来源 >> 中国农业科学院郑州果树研究所培育。

单果重 >> 平均250克

可溶性固形物 >> 12.0%～14.5%

特征特性 >> 果实近圆形或卵圆形。果面浅绿色，阳面着鲜红色晕，占果面的1/2～2/3。部分果柄基部肉质化，果肉乳白色，肉质细、酥脆，汁多味甜，果心小，石细胞少，品质上等。在郑州地区9月初成熟（图2-94）。

图2-95 红茄

红茄

品种来源 >> 美国品种。1977年由中国农业科学院品种资源研究所国外引种室从南斯拉夫引入中国。

单果重 >> 平均185克

可溶性固形物 >> 14.0%～16.5%

特征特性 >> 早熟。果实葫芦形。果皮全面紫红色，果面平滑有光泽。果肉白色，肉质细腻，柔软多汁，味香甜，品质上等。果实7月上旬成熟（图2-95）。

图2-96 罗莎

罗莎

品种来源 >> 意大利品种。

单果重 >> 平均210克

可溶性固形物 >> 15.0%～17.5%

特征特性 >> 中熟。果实粗颈葫芦形，果皮浓红色，外形美观。果肉白色，汁液多，熟后肉质柔软酸甜，香气浓，品质上等。在郑州地区7月中下旬成熟（图2-96）。

图2-97 巴梨

巴梨

品种来源 >> 英国品种。

单果重 >> 平均220克

可溶性固形物 >> 13%～15%

特征特性 >> 果实粗颈葫芦形，绿黄色，阳面有红晕，果肉白色，肉质细，汁液多，味香甜。在郑州地区8月中旬成熟（图2-97）。

图2-98 好本号

好本号

品种来源 >> 法国品种。

单果重 >> 平均320克

可溶性固形物 >> 13%～15%

特征特性 >> 果实葫芦形，果皮阳面有红晕，果肉白色，肉质柔软细腻，汁液多，有香气。在郑州地区8月底至9月初成熟（图2-98）。

图2-99 康佛伦斯

康佛伦斯

品种来源 >> 意大利品种。

单果重 >> 平均300克

可溶性固形物 >> 14%～16%

特征特性 >> 果实细长葫芦形，成熟后果皮黄色，果肉乳白色，细嫩多汁，香甜可口，风味佳。果实9月上中旬成熟（图2-99）。

五、无花果优良品种

无花果属桑科无花果属，世界上现有800余个品种，多数原产于热带、亚热带地区，为落叶小乔木。生产上常根据无花果果皮颜色进行分类，一般分为黄果品种、红果品种、绿果品种。

黄果品种

图2-100　金傲芬

金傲芬

提示

> 金傲芬露地、避雨棚栽培皆可，耐重剪。树势过旺，容易徒长，注意控旺。鲜食制干皆可。适合自然开心形、X形树形。

品种来源 >> 原产美国。

单果重 >> 平均70~110克，最大180克

可溶性固形物 >> 18%~20%

特征特性 >> 夏秋果兼用，大果型。果实卵圆形。果皮金黄色，有蜡质光泽。果肉淡黄色，肉质致密，熟透的果实有冰糖口感。丰产，当年株产可达2.5千克，盛果期较丰产，亩①产可达1 500~2 000千克。耐寒性一般，耐储运。在山东嘉祥地区夏果7月中旬成熟，秋果8月上旬到10月下旬成熟（图2-100）。

---

① 亩为非法定计量单位，1亩=1/15公顷。——编者注

图2-101　金早

金早

品种来源 >> 从美国引入，又名B1011。

单果重 >> 平均60~65克

可溶性固形物 >> 17%~20%

特征特性 >> 早熟，成熟期比普通品种早10~15天。果皮黄色，果肉粉红色，果肋明显，果顶平而凹。果形扁球形，果实中空，果目大，无花果特有青草味不明显。耐寒性一般，矮化丰产，不耐储运。在山东嘉祥地区秋果7月下旬到10月中旬成熟（图2-101）。

> **提示**
>
> 　　金早鲜有裂果，是密植、保护地栽培推荐黄果品种，主要用于鲜食。设施栽培优于露地栽培，耐重剪。适合自然开心形、X形树形。

图2-102 芭劳奈

芭劳奈

品种来源 >> 从日本引入我国，夏秋果兼用品种。英文名Banane。

单果重 >> 秋果50~100克，夏果100~150克，最大可达300克

可溶性固形物 >> 20%~25%

特征特性 >> 果实卵圆形或偏卵圆形。果皮黄褐色至茶褐色，果肉桃红色至血红色。夏果大，甜味稍差；秋果甜味浓，肉质为黏质，口感甜糯，为日本无花果口感排名第一品种。耐寒性强。盛果期亩产2 000~2 500千克。前期果实较不耐储运，后期耐储运性增强。在山东嘉祥地区夏果6月中旬至7月上旬成熟，秋果8月上旬到10月下旬成熟（图2-102）。

> **提示**
>
> 芭劳奈露地和设施栽培均可，耐重剪。缺点是前期成熟果实皮薄，7月大棚成熟的果实更是如此，极不耐储运。果皮颜色不好看，大小不均匀，主要推荐采摘园或加工用途种植。适合自然开心形和 X 形树形。

图2-103　布兰瑞克

布兰瑞克

品种来源 >> 原产法国。

单果重 >> 夏果80~100克，秋果40~50克

可溶性固形物 >> 夏果16%~18%，秋果20%~22%

特征特性 >> 夏秋兼用。植株较矮。果形斜倒圆锥形或扁球形。果实基部黄绿色，顶部浅红色，果肉琥珀色至红褐色，肉质致密，随昼夜温差的增大甜度增加，果皮色变深。果实具有芳香气味，品质上等。耐寒性强，丰产稳产，亩产可达2 000~2 500千克，耐储运。在山东嘉祥地区夏果6月中旬到7月上旬成熟，秋果8月上旬到10月下旬成熟（图2-103）。

> **提示**
>
> 　　布兰瑞克是目前加工无花果干、无花果酒、冻干无花果的主要品种。露地栽培，耐重剪。适合自然开心形、X形树形。

图2-104 新疆早黄

新疆早黄

品种来源 >> 南疆阿图什和喀什地区传统种植品种。

单果重 >> 平均50~70克

可溶性固形物 >> 18%~25%

特征特性 >> 果实扁圆形。果皮黄色，果顶不开裂，果肉草莓色。风味浓甜，品质上等。耐寒性强，不耐储运。在新疆喀什地区盛果期亩产可达1 500千克。在山东嘉祥地区夏果6月下旬到7月中旬成熟，秋果8月中旬到10月下旬成熟（图2-104）。

> **提示**
>
> 　　新疆早黄不耐重剪，易徒长，适合培养大树形，但北方种植越冬难度大，不丰产。在山东嘉祥表现徒长、结果少、成熟期推迟的现象，果柄极短，容易造成采摘时破皮，从而引起酸败。鲜食加工皆宜。适合矮干开心形树形。

图2-105　丰产黄

丰产黄

品种来源 >> 原产意大利。

单果重 >> 山东嘉祥地区秋果平均30～35克，广东地区平均50～60克

特征特性 >> 果实倒圆锥形或卵圆形。果皮黄色，后期转为橙红色，较厚且有韧性。果肉草莓色，肉质致密，味浓甜，品质优良。果目小，减少了昆虫侵染和酸败。抗病性好，丰产，耐储运。在山东嘉祥地区秋果8月上旬到10月下旬成熟，亩产1 500～1 700千克，在华南地区亩产2 000～2 500千克（图2-105）。

> **提示**
>
> 　　丰产黄在广东和广西适合大面积发展，目前在广东韶关有大面积栽培，也被称为韶关黄，主要用于鲜食、制干、加工蜜饯。适合露地栽培，华南地区无须避雨栽培。因南北气候差异，北方果型太小，不建议淮河以北地区种植。适合自然开心形和 X 形树形。

图2-106　华丽

华丽

品种来源 >> 从美国引进，又名A42。

单果重 >> 秋果35~45克

可溶性固形物 >> 17%~20%

特征特性 >> 晚熟，秋果为主。果实卵圆形，表面呈黄绿条纹相间状。果肉鲜红色，口感酸甜。耐寒性中等。适合养大树，主要追求观赏价值，产量较低。较耐储运。在山东嘉祥地区秋果10月中下旬成熟（图2-106）。

> **提示**
>
> 华丽露地栽培，适合自然开心形树形，为园林绿化、盆景制作的优良观赏型品种。该品种为嵌合体芽变，不稳定，容易返祖，返祖后失去黄绿色条纹性状。

图2-107 波姬红

波姬红

品种来源 >> 原产美国。

单果重 >> 秋果平均60～90克，夏果150克以上

可溶性固形物 >> 16%～20%

特征特性 >> 秋果为主，夏果较少，鲜食。果实卵圆形或长圆锥形。果皮鲜艳，为条状褐色或紫红色。果肋明显。果肉浅红或红色，微中空，口感清甜，汁多，果香浓郁。耐寒性较差，丰产性强，保护地亩产可达2 500～3 000千克，当年株产可达2.5～3千克。皮薄，耐储运性一般。在山东嘉祥地区夏果6月中旬至7月上旬成熟，秋果8月上旬至10月下旬成熟（图2-107）。

> **提示**
>
> 波姬红在淮河以北地区建议大棚栽培，淮河以南地区建议避雨栽培。适合"一"字形、X形、Y形树形。

图2-108　玛斯义陶芬

玛斯义陶芬

品种来源 >> 原产美国，由日本引入我国。

单果重 >> 夏果100~120克，最大150~200克；秋果70~100克

可溶性固形物 >> 15%~18%

特征特性 >> 果实较大，长卵圆形。果皮红色，后期紫红色或紫褐色。果肋明显，果肉桃红色，肉质粗，甜度一般。耐寒性差，在山东嘉祥地区埋土也无法安全越冬，必须温室栽培。极丰产，密植亩产3~5吨，适于鲜食果园规模发展。皮薄而韧，耐储运性一般。在山东嘉祥地区夏果6月中旬至7月上旬成熟，秋果8月上旬至10月下旬成熟，一般种植园修剪方式为重剪，鲜有夏果（图2-108）。

> **提示**
>
> 　　玛斯义陶芬在北方需温室栽培，在南方需避雨栽培，并需要搭设篱架，在江苏、浙江、四川、重庆、湖南和湖北等同纬度省份表现较好。目前国内种植面积最大、产量最高的地区为浙江金华，密植亩栽600~800株，盛果期亩产5~6吨。适合"一"字形、X形、Y形树形。

图2-109　紫蕾

提示

　　紫蕾在可自然越冬地区露地栽培，北方产量较低，不耐重剪，幼年树产量偏低。适合自然开心形树形。

紫蕾

品种来源 >> 原产日本，又名日本紫果。

单果重 >> 秋果平均40～60克。

可溶性固形物 >> 18%～23%

特征特性 >> 晚熟，成熟期比一般品种晚25～30天，以秋果为主，鲜食。果实扁圆卵形。成熟果为深紫红色或紫黑色，白色果霜明显。果目红色，果肉鲜红色，致密多汁，八分熟微酸，九分熟纯甜，口感一流，富含微量元素硒及花青素。耐寒性中等偏上。果皮厚，耐储运。在山东嘉祥地区秋果9月上旬至10月下旬成熟，盛果期亩产750～1 000千克（图2-109）。

图2-110　紫色波尔多

紫色波尔多

品种来源 >> 原产法国。

单果重 >> 秋果平均25～40克，夏果70克

可溶性固形物 >> 18%～23%

特征特性 >> 果实卵圆形，似鸽子蛋。成熟果紫黑色，果目较小。果肉紫红色，细腻、致密，多汁。耐寒性弱。盛果期亩产只有1 000～1 300千克。较耐储运。在山东嘉祥地区夏果7月中旬成熟，秋果8月上旬到10月下旬成熟（图2-110）。

提示

　　紫色波尔多盆栽或庭院栽培较佳，耐重剪。北方地区必须采取一定的保护措施。适合自然开心形和X形树形。

图2-111　中国紫果

中国紫果

品种来源 >> 中国品种，又名红矮生。

单果重 >> 秋果平均30～45克，夏果80克

可溶性固形物 >> 17%～20%

特征特性 >> 果实圆形或扁圆卵形。成熟果紫红色，果肉黄色或白色。肉质细腻，无花果特有的青草味较浓，很多人不喜欢。耐寒性强。结果性特强，当年生苗木即大量结果，盛果期亩产1 300～1 800千克。不耐储运。山东嘉祥地区夏果7月中旬成熟，秋果8月上旬到10月下旬成熟（图2-111）。

> **提示**
>
> 　　中国紫果适合露地栽培或盆栽，耐重剪。露地栽培注意防裂果，雨季裂果率甚至高达40%。适合自然开心形和丛状形树形。

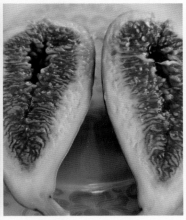

图2-112　斯特拉

斯特拉

品种来源　>>　原产于意大利，由美国引入我国，最早在云南曲靖、昆明、昭通等地广泛栽培。英文名Stella。

单果重　>>　夏果150～200克，秋果70～120克

可溶性固形物　>>　18%～22%

特征特性　>>　夏秋果兼用，夏果较多，但仍以秋果为主。果实倒圆锥形。成熟果实果皮黄绿色。果顶平而凹，果目小，果肋不明显。果肉深红色，较致密，空隙小，果蜜多，果肉细腻，味香甜，不腻人，无青草味。耐寒性中等偏上。结果能力强，极丰产，盛果期亩产2 000～2 500千克。易染锈病，较耐储运。在山东嘉祥地区夏果6月中旬至7月上旬成熟，秋果8月上旬至10月下旬成熟（图2-112）。

> **提示**
>
> 斯特拉在我国南北方均建议避雨栽培，耐重剪，但切忌平茬。鲜食，也适合制干和加工蜜饯。适合自然开心形、X形和"一"字形树形。

图2-113 青皮

青皮

单果重 >> 夏果80～100克，秋果40～60克

可溶性固形物 >> 20%～25%

特征特性 >> 果实扁圆或倒圆锥形。成熟时果皮绿色或黄绿色，果肉鲜红色，汁多，蜂蜜口感，风味极佳，基本没有青草味。耐寒性强，成年树结果性强，能露地栽培越冬的地区盛果期亩产2 500～3 000千克，较耐储运。在山东嘉祥地区夏果6月中旬至7月上旬成熟，秋果8月上旬至10月下旬成熟（图2-113）。

提示

青皮适合露地栽培或盆栽，不耐重剪。鲜食加工皆可。南方建议避雨栽培，淋雨易裂果。可培养大树形，适合自然开心形和X形树形。

图2-114 绿早

绿早

品种来源 >> 原产美国，又名B110。

单果重 >> 夏果90克，秋果45～60克

可溶性固形物 >> 18%～22%

特征特性 >> 夏秋果兼用，夏果较多，果实圆形或卵圆形，不易裂果。成熟时果皮绿色或黄绿色，果肉粉红色，后期转红色，汁多，口感好，风味佳，品质佳。耐寒性中等偏上，早熟丰产，盛果期亩产1 800～2 200千克，极不耐储运。在山东嘉祥地区夏果6月中下旬成熟，秋果7月中下旬至10月下旬成熟（图2-114）。

提示

绿早露地栽培和大棚栽培均可，耐重剪。在北方无霜期较短地区种植优势明显，建议作为采摘园选配早熟品种。鲜食加工皆宜。适合自然开心形和X形树形。

图2-115　108B

108B

品种来源 >> 以色列引进品种。

单果重 >> 夏果150~200克，秋果60~120克

可溶性固形物 >> 18%~23%

特征特性 >> 夏秋果兼用，大果型，果实倒圆锥形。成熟时果皮绿色至黄绿色。果肉深红色，略中空，含糖量高，品质优。耐寒性强，盛果期亩产2 000~2 800千克，较耐储运。在山东嘉祥地区夏果6月中旬至7月上旬成熟，秋果8月上旬到10月下旬成熟（图2-115）。

> **提示**
>
> 　　108B露地、大棚栽培均可，耐重剪，适合在我国广大地区栽培，是采摘园、保护地栽培的优选绿皮大果型品种。高温容易落果，冬暖式大棚应注意夏季温度控制。适合自然开心形、X形和"一"字形树形。

六、柑橘优良品种

图2-116　宫川

宫川

品种来源 >> 原产于日本静冈县，由温州蜜柑芽变而来。

单果重 >> 100克左右

可溶性固形物 >> 12.0%

特征特性 >> 结果早，果形整齐美观，优质丰产，是我国早熟温州蜜柑的主栽品种，全国各柑橘产区均有栽培。果实高扁圆形，顶部宽广，蒂部略窄。果面光滑，皮薄，深橙色。果肉橙红色，可滴定酸含量0.6%～0.7%，甜酸适度，囊壁薄，细嫩化渣，风味浓，品质优良。果实10月中旬成熟，11月中旬后完熟。适合应用大棚设施完熟栽培，果实可留树到翌年2月，最长可留到3月下旬（图2-116）。

> **提示**
>
> 宜选择阳光充沛、朝南向的山地种植。成年树可适当控制树势，树势稍弱有利于提高果实品质。宫川以果型小、完熟采收的果实品质更好，但完熟采收易过度消耗树体营养，造成大小年结果现象。对大小年明显的橘园，可实行隔年交替结果的措施，即丰产年全园结果，小年进行疏果达到不结果。该品种也适合加温促成栽培。

图2-117　大分

大分

品种来源 >> 从日本引进，由今田早生与八朔杂交的珠心胚实生选育而成。

单果重 >> 100克左右

可溶性固形物 >> 10.0%

特征特性 >> 特早熟温州蜜柑。果实扁圆形，完全成熟时果皮橙红色，成熟早，减酸增糖快，风味浓，口感甜酸，可滴定酸含量0.6%。丰产、稳产，不易浮皮。在浙江台州及周边地区9月中旬成熟（图2-117）。

> **提示**
>
> 　宜选择阳光充沛、朝南向的山地种植。成年树可适当控制树势，树势稍弱有利于提高果实品质。

图2-118　由良

由良

品种来源 >> 日本引进品种，由宫川芽变选育而成。

单果重 >> 90克左右

可溶性固形物 >> 13.0%

特征特性 >> 成熟期比大分晚，比宫川早。进入结果期较早。果实高扁圆形，可滴定酸含量0.89%，可食率78.9%。9月下旬成熟（图2-118）。

> **提示**
>
> 　　一般可选择枳为砧木，盐碱地砧木可选用本地早、枸头橙。坐果性较好，往往结果量过多造成树势衰弱，果实偏小，商品性降低，应适当疏花疏果，减少结果量，提高果实商品性。该品种是高糖高酸品种，果实膨大期干旱不易减酸。因此，在8月中下旬，若遇干旱，应及时灌水。

图2-119 早玉

早玉

品种来源 >> 浙江省柑橘研究所与玉环文旦研究所等合作选育而成，为玉环柚特早熟芽变品种。

单果重 >> 1 250 ~ 2 000克

可溶性固形物 >> 10.8%

特征特性 >> 果实扁圆或圆锥形，可滴定酸含量0.80%，可食率60.1%。成熟期早，9月10日成熟，丰产稳产（图2-119）。

> **提示**
>
> 砧木宜选用枸头橙、温岭高橙。每一结果母枝保留1~2个发育健壮的果实，保持250：1的叶果比。采用控肥水、多挂果、覆膜、套袋等综合手段防止裂果。成熟早，需及时采收。

图2-120　红美人

红美人

品种来源 >> 日本育成品种，以南香与天草杂交育成。又名爱媛28、果冻橙。

单果重 >> 220克左右

可溶性固形物 >> 12.5%以上

特征特性 >> 果实呈扁球形，果实橙色至深橙色，较光滑，油胞较大、略凸。果肉黄橙色，柔软多汁，囊壁极薄。果皮薄而柔软，剥皮较难。果实紧，无浮皮。可滴定酸含量0.6%，风味极好。单性结实能力强，常无核。果实11月中下旬成熟，可留树挂果到翌年2月上旬（图2-120）。

提示

幼树长势较强，枝条稍直立。投产后，结果过多易造成树势早衰，要加强土肥水管理，严格疏花疏果。易感黑点病、炭疽病、溃疡病，易受螨类、吸果夜蛾、鸟类等危害，露地栽培时病害较多，建议采用大棚设施避雨栽培。

图2-121　甘平

甘平

品种来源 >> 日本育成品种，系西之香与椪柑杂交选育而成。又名爱媛34。

单果重 >> 300克左右

可溶性固形物 >> 11.0%～16.0%

特征特性 >> 大果型，果实扁圆形，扁平特征较明显。果皮橙色，较薄。露地栽培往往裂果较多，尤其是果实膨大期水分不均匀时，裂果率达40%左右。口感酸甜，可滴定酸含量0.95%。1月下旬至2月中旬成熟（图2-121）。

> **提示**
>
> 　　该品种在浙江及北缘地区种植，需采用大棚设施保温或加温栽培。果实膨大期应减少土壤水分急剧变化，减轻果实裂果。

图2-122　媛小春

媛小春

品种来源 >> 日本育成品种，系清见与黄金柑杂交育成。

单果重 >> 140克左右

可溶性固形物 >> 13.9%

特征特性 >> 果实卵圆形，有果颈，果顶有明显印圈。果皮黄色，易剥皮。果肉浅黄色，质地细致柔软，汁多，肉质化渣，味浓甜而具蜂蜜味，品质好，可滴定酸含量0.88%。1月下旬成熟（图2-122）。

> **提示**
>
> 　　修剪时以轻剪、疏删为主，增强树体通风透光性，花期进行保花保果。浙江地区建议以大棚种植为主，可挂果到2～3月上市销售，露地种植应在霜冻来临前采收，储藏后销售。

图2-123　晴姬

晴姬

品种来源 >>　日本育成品种，由清见与奥赛奥拉橘柚的杂交后代再与宫川杂交选育而成。又名兴津54。

单果重 >>　130克左右

可溶性固形物 >>　12.0%以上（大棚设施完熟栽培）

特征特性 >>　果形扁圆，似温州蜜柑。果皮橙黄色，中心柱空。果肉橙黄色，柔软多汁，囊壁薄，有香气，口感佳。减酸较早、糖度高、易剥皮。可滴定酸含量0.9%（大棚设施完熟栽培）。一般无核，与有花粉品种混栽时会有少量种子。成熟期12月上旬至翌年1月上旬（图2-123）。

> **提示**
>
> 　　在浙江黄岩地区可以露地栽培，果实完熟采收须有大棚设施。该品种果型中等大小者品质佳，宜花期保果，提高坐果率，并注意调节总体产量。

图2-124 明日见

明日见

品种来源 >> 日本育成品种，由甜春橘柚与特洛维塔杂交后再与春见杂交选育而成。又名兴津58。

单果重 >> 190克左右

可溶性固形物 >> 15%左右

特征特性 >> 果实扁圆形，皮薄，果皮橙色，光滑，剥皮稍难。果肉浓橙色，口感酸甜，有甜橙香味，风味浓，肉质稍硬，有少量种子。可滴定酸含量1.0%。由于未完熟时酸度较高，需进行大棚设施完熟栽培。成熟期2月（图2-124）。

> **提示**
>
> 冬季温度低于−1℃时，需用大棚保温栽培。砧木可选用枳、小红橙，不宜选用易致树势强旺的枸头橙为砧木。花期需进行保花保果，以提高坐果率。果实膨大期注意均衡水分供应，防止大量裂果。

图2-125　春香

春香

品种来源 >> 日本从日向夏的偶发实生后代中选出，为橘柚类杂柑。

单果重 >> 210克左右

可溶性固形物 >> 12.0%左右

特征特性 >> 果实扁球形或圆锥形，果顶有明显凹环。果面淡黄色，略粗，有光泽，外观独特。可滴定酸含量0.51%，口感甘甜脆爽，有香气，品质佳。种子多。抗病力特强。在浙江12月中旬成熟，储后风味更好，常温可储藏至翌年5～6月（图2-125）。

> **提示**
>
> 　　该品种树体抗寒性强，适应性广，栽培容易。前期可适当密植。结果性能好，生产上注意梢果平衡。

图2-125　鸡尾葡萄柚

鸡尾葡萄柚

品种来源 >> 美国育成品种，由暹罗蜜柚和弗鲁亚橘杂交选育而成。

单果重 >> 380克左右

可溶性固形物 >> 12.2%

特征特性 >> 进入结果期早。果实扁圆形或圆球形。果面光滑，果皮橙黄色，果皮薄，较易剥离。果肉黄橙色，中心连合，不易分瓣，汁液多，风味爽口，略酸，可滴定酸含量0.92%。平均单果种子数20粒。抗病性强，抗溃疡病、疮痂病，对黑点病、黄斑病中度敏感。自然条件下9月下旬至10月上旬成熟（图2-126）。

> **提示**
>
> 　　树势强健，可选择枳、枳橙、红橘、枸头橙等为砧木。枳砧树势稍弱，果实品质佳。不耐寒，−5℃就会受冻。因此，种植地区年平均温度应在17.5℃以上，选择向阳缓坡地带建园。加强肥水管理，重施基肥和膨大肥。

图 解 果 树 省 力 化 优 质 高 效 栽 培
TUJIE GUOSHU SHENGLIHUA YOUZHI GAOXIAO ZAIPEI

第三章 高光效树形管理

一、苹果高光效树形管理

（一）苹果高光效树形

目前推广较多的苹果高光效树形为高纺锤形树形，适用于矮化砧栽培，进行密植，早果、丰产，树体通常较高，设有支架，上下基本一致，树势也好控制。

1. 定植密度　矮化自根砧苗木一般建议株行距为（1.0～1.5）米×（3.5～4）米；矮化中间砧苗木一般建议株行距为（1.2～1.5）米×（3.5～4）米。

2. 树形结构特点　高纺锤形是以强健的中心干为"轴"，上面培养均匀分布、枝势相近的25～30个二级结果主枝，主枝保持单轴延伸。树高3.0～3.5米，干高0.8～1.0米，中心干与同部位主枝粗度比为（3～4）:1。主枝与中心干角度呈90°～120°，主枝水平长度不超过1.2米，上短下长。成龄后树冠小而细长，整个树冠呈纺锤形，无永久性大主枝存在，枝量充足，结果能力强（图3-1）。

图3-1　高纺锤形苹果园

3. 架材搭建 矮化密植苹果园需要设立支架，支架应设立临时性支架（图3-2）和永久性支架（图3-3）。临时性支架主要用在幼树上，栽后临时设立。2年生以上树需要设立永久性支架系统。

图3-2 临时性支架　　　　　　　　　　　图3-3 永久性支架

临时性支架为单株支柱，即每株树设一支柱，可为木杆、竹竿或支撑力较好的材料。幼树定植时与支柱一同栽下。生长季节幼树主干及新长出的中心干及时绑缚在支柱上。

永久性支架则多为顺行向每10～15米设立长12厘米、宽10厘米的水泥立柱或镀锌管（直径6～8厘米）1根，地下埋深50厘米，架高3.5～4.0米，均匀平行拉设4道12号钢丝（直径2.2毫米），第一道钢丝距离地面70厘米左右，其上可悬挂滴灌带和微喷灌管；4道钢丝平均间距70～80厘米。每行两端的水泥立柱向外倾斜15°左右，架端安装地锚固定并拉紧钢丝。

（二）苹果高光效树形整形修剪

1. 定植当年整形修剪

（1）定干。若定植的苗木比较细弱（茎粗＜0.8厘米），定植后在距离地面60～80厘米处定干（图3-4、图3-5）；若定植的苗木比较粗壮（茎粗＞1.0厘米），定植后不需要定干（图3-6）。

（2）刻芽。春季发芽前从地面以上60厘米左右处开始，每隔10厘米左右刻1个芽（图3-7），刻芽的位置应均匀分布于干上，间距不大不小，呈螺旋状分布，在芽上方0.2～0.5厘米处刻伤。并结合涂抹发枝素，促发新枝，促使中心干分枝，以利快速成形（图3-8）。

图3-4　定干前

图3-5　定干后

图3-6　不需要定干

图3-7　刻芽后萌芽

图3-8　萌芽后成枝

图3-9　抹除不需要的分枝及萌芽

（3）抹芽。萌芽后抹除距地面不足50厘米的分枝及萌芽（图3-9）。选择剪口下第一个芽抽生的新梢做中心干延长头并保持其直立旺盛生长，及时抹掉剪口芽下的第2、3、4芽（图3-10），避免其与中心干延长头竞争，在春季有大风或其他恶劣条件的地区，不抹芽，等新梢稳定后定梢。

（4）摘心。主枝上的虚旺小枝长至10～15厘米时可进行反复摘心，控长促壮（图3-11、图3-12）。

图3-10　留下的单梢生长状　　　　图3-11　摘心前　　　　图3-12　摘心后

（5）扭梢，用牙签开角。5月下旬当枝条长20～30厘米、半木质化时进行扭梢，从基部往上3～5厘米处扭转半圈，使木质部和韧皮部受伤而不折断，新梢呈扭曲状态。可用牙签开角（图3-13），保持枝条水平生长。

（6）拉枝。5～6月，选择分布均匀、间距20厘米左右的新梢作为主枝，其余新梢疏除。主枝长至50厘米以上的枝条用开角器或拉枝绳将角度拉平至90°～110°（图3-14）。强枝拉枝角度大些，弱枝拉枝角度小些。富士等难成花品种分枝角度为110°，华硕、嘎拉等易成花品种分枝角度为90°。

（7）绑缚。矮砧苹果高纺锤形果园定植当年一定要搭架材，立杆绑缚，保证中心干直立健壮生长。

图3-13　用牙签开角　　　　　　　图3-14　用开角器开角

（8）休眠季节修剪。对中心干延长头生长较弱的树，短截掉1/3～1/2，促进生长。侧枝直径超过主干1/3或长度超过80厘米的留桩短截。

定植当年的生长情况见图3-15。经过1年的生长，中心干生长到2米以上，分枝4～6条。

图3-15　定植当年生长情况

2. 定植后第 2 年整形修剪

（1）刻芽。春季萌芽前，在中心干分枝不足处继续刻芽或涂抹发枝素促发新枝。

（2）扭梢。5～6月可对生长至15～20厘米半木质化的主枝进行扭梢；并对主枝上萌发的半木质化背上枝进行扭梢。

（3）摘心。5～6月，主枝上的虚旺小枝长至10～15厘米时继续摘心，可重复多次进行。

（4）拉枝。5～6月选择分布均匀、间距20厘米左右的新梢作为主枝，其余新梢疏除。主枝长至50厘米以上的枝条用开角器或拉枝绳将角度拉平至90°～110°（图3-16、图3-17）。强枝拉枝角度大些，弱枝拉枝角度小些。富士等难成花品种分枝角度为110°，华硕、嘎拉等易成花品种分枝角度为90°。

（5）疏枝。继续对中心干延长头下面的第1～3个枝条进行疏除，避免其与中心干延长头竞争；中心干上分枝与分枝之间距离小于10厘米时，可适当疏除

图3-16　2年生幼树开角前　　　　　　图3-17　2年生幼树开角后

一部分；疏除主枝上间距小于10厘米的背上枝。

（6）保持单轴延伸。疏除与主枝延长头产生竞争的枝条或对其进行扭梢，使主枝保持单轴延伸。

（7）休眠季节修剪。中心干延长头长势较弱的树短截中心干延长头1/3～1/2；侧枝直径超过中心干直径的1/3或长度超过80厘米的留马蹄桩短截，以便来年促发新枝。

经过第2年生长，树高应到3米以上，中心干健壮直立，中心干的粗度与分枝的粗度比不小于3∶1，分枝9～13条，分枝角度90°～110°（图3-18）。

图3-18　2年生苹果园

3. 定植后第 3 年整形修剪

（1）疏枝。对中心干上粗度超过着生部位中心干粗度1/3的枝条、长度≥80厘米的枝条或过密的枝条进行留桩疏除；对主枝上着生过密的背上枝、长度≥40厘米的枝条及延长头竞争枝进行疏除。

（2）扭梢拉枝。在生长季节内，对主干上着生的强旺多年生大枝或当年生新梢应进行拉枝或扭梢，让其水平生长，以缓和营养生长；对主枝上着生的虚旺背上小枝进行扭梢。

（3）摘心控长。控制主枝长度，一般伸向行间的新枝生长到80厘米、伸向株间的新枝生长到60厘米时要进行摘心去叶，把枝的顶尖掐去，再去掉3～4片叶，留下叶柄，并进行拉枝控旺。

（4）休眠季节修剪。冬剪时如果中心干高度未达到2.5米以上，对延长头继续在饱满芽处短截；如达到3米以上，不剪截。

经过3年生长，树高应到3.5米以上（图3-19），中心干健壮直立，中心干的粗度与分枝的粗度比小于4：1，分枝20～25条，分枝角度90°～110°。

图3-19　3年生苹果挂果树

4. 定植后第 4 年及以后整形修剪

（1）生长季节修剪。在缺枝条部位综合运用刻芽、涂抹发枝素等措施促进成枝。同时应严格控制徒长枝、密生枝、竞争枝，以保证树冠充分受光，注意及时拉枝促进成花结果，维持树形，已结果2年的过粗侧枝留桩短截进行更新。因坐果而下垂的枝应向上拉起来（图3-20）。

（2）休眠季节修剪。每年冬剪对中心干延长头长势较弱的树短截去中心干1/3～1/2，直到树高达到3.5～4.0米。中心干已达3.5米以上，可缓放不剪，但

图3-20　盛果期苹果园

图3-21　盛果期休眠季节的苹果园

最好破除顶芽，控制其生长势，将树高控制在3.5～4.0米（图3-21）。对任何超过干径1/3的侧枝应留桩短截。

盛果期树高应控制在3.5～4.0米，中心干健壮直立，中心干的粗度与分枝的粗度比不小于4：1，分枝25～35条，分枝角度90°～110°。

二、葡萄高光效树形管理

葡萄为藤本植物，在生产条件下，为了获得一定的产量和优质果实以及栽培管理的方便，必须使葡萄生长在一定的支撑物上，并具有一定的树形，而且必须进行修剪以保持树形、调节生长和结果的关系。在栽培上树形常依支架的形状而异。整形要根据品种的生物学特性，采用不同的整形方法，尽量利用和发挥品种的特性，以求达到丰产、稳产、优质的目的。如生长势极旺的品种，应用棚架整形，而生长势弱的品种则以篱架整形为宜。此外，还要根据气候、土壤、栽培密度、肥水管理条件等确定合理的整形方式。整形不仅可以调节植株生殖生长和营养生长的矛盾，还有助于地下部根系和地上部树冠的协调平衡，同时，可以改善架面通风透光条件，增强叶片光合作用。整形对控制植株旺长、提早结果、防止早衰、复壮更新、延长结果年限、合理负载量、提高果实品质，均具有积极作用。

我国葡萄栽培历史悠久，地域辽阔，在葡萄生产中积累了丰富的栽培树形，并因品种、地理位置、气候条件的不同而异。所以，选择树形应根据品种特性、当地的气候特点以及便于日常管理等来确定。

（一）V形架

1.**架式结构**　常见的V形架有两横梁结构和三角形结构两种类型。相邻两根立杆间的距离一般为4～6米，立杆埋入地下50～60厘米。在露地栽培条件下，立杆的地上部分一般高出地面1.8～2.0米。采用V形架时，葡萄的干高可根据品种特性、肥水条件、栽培目标等而定。常见的干高为80～100厘米。为控制树势、方便采摘观光，可适当提高干高。目前浙江等南方省份广泛采用的V形水平架，干高保持在1.5米以上。

两横梁结构的V形架又称双十字V形架（图3-22），下面的横梁较短，上面的横梁较长，钢丝从每根横梁的端点固定，一般距离端点5厘米左右。在与葡萄干高对应部位的立杆上有一穿钢丝的小孔，钢丝从小孔穿过，以固定主蔓。钢丝间的距离根据不同情况而定，在立杆上穿入的最下方的那道钢丝距离下方较短的横梁一般30～40厘米，两横梁间的距离一般在40厘米左右。每根横梁的长度、高度应根据行距、葡萄品种特性、田间操作人员的高度、机械作业程度等综合考量。

图3-22　双十字V形架

从葡萄本身来说，新梢生长角度越倾斜，生长势越缓和。因此，适当延长横梁，尤其是生长势较为旺盛的品种更应适当延长横梁，这样更利于花芽分化。但在有些时候，上部横梁较短时，更利于操作人员田间作业。应根据具体情况灵活运用。

三角形结构（图3-23、图3-24）也是目前生产上常用的结构。随着钢架结构在葡萄园建设中的运用，采用三角形结构更利于焊接，使用也较为普遍。三角形结构立杆顶部有1个小孔，斜杆上一般有2个小孔，钢丝从小孔中穿过。斜杆上下面的小孔距离斜杆下端点一般40厘米左右，斜杆上的两孔间距一般为50厘米左右，可根据品种特性、肥水条件、栽培目标等适当延长或缩短。

图3-23　三角形结构V形架冬天状

依照这样的设计，斜杆最上面一道钢丝与最下方从立杆穿过的那道钢丝的距离为90厘米左右。如果新梢长度为120厘米，新梢将高于最上面钢丝30厘米。由于新梢具有一定的坚固性，因此高出上方钢丝一定范围时不会下垂。采取避雨栽培时，为增加坚固性，行间横梁可相互连接。

图3-24　三角形结构V形架

2.**适用范围**　此架式在我国目前使用较为广泛，适合绝大多数品种。其优点是形成明显的通风带、结果带和营养带。由于果穗下垂，果穗喷药、果穗整形、果穗套袋等操作较为方便，且果实着色均匀；新梢斜向生长，树势减缓，有利于花芽分化，随着新梢角度开张，花芽分化效果会逐渐改善；果穗生长在叶片下面，光照被叶片遮挡，可有效减轻果实日灼病的发生。根据不同的需要，可灵活调节干高、新梢角度、行距大小。对于生长势旺盛的品种、花芽分化不良的品种、肥水条件较好的地块，可适当增加干高，使新梢生长势缓和。

3.**配套树形**

（1）单干双臂整形。

①选定主干。栽植葡萄苗后，当最旺盛的新梢长至10厘米以上时，开始选定主干。为保险起见，起初先保留两个最为旺盛的新梢，其余全部抹除（图3-25）。

当能辨别出将来会生长得更好的新梢时，将其作为主干培养，而另一个新梢要在半大叶片处摘心（图3-26），作为辅养枝以促进根系生长。

图3-25　保留两个旺盛新梢

图3-26　选定主干

对辅养枝上再发出的副梢应及时全部抹除，限制其进一步生长。嫁接苗要及时去除砧木上的萌蘖（图3-27），以促进上部快速生长。当苗木成活后，嫁接口处的薄膜要及时去除（图3-28），防止对嫁接口造成伤害。

定干后，幼苗生长逐步加速。葡萄主干上第7～8节以上开始出现卷须（图3-29），卷须的产生会消耗大量营养，要及时去除（图3-30）。在葡萄主干上几乎每节都会产生副梢，一般在3～5厘米长度时去除，过早去除容易对新梢产生伤害。

图3-27　去除萌蘖

图3-28　去除嫁接口处的薄膜

图3-29　卷须生长状

图3-30　去除卷须

②摘心定干。采取单干双臂整形时，主干摘心后（图3-31）要保证将来两条主蔓处于第一道钢丝以下（图3-32）。主干顶端（即生长点部位）节间相对较短，仍处于拉长阶段时，会使两条主蔓继续上移，摘心时应加以考虑，防止两条主蔓基部将来生长在第一道钢丝以上部位。为保险起见，通常对主干摘心10厘米以上，这样两条主蔓生长速度会更快，且不会产生两条主蔓继续上移的现象。

图3-31　主干摘心

定植当年应根据不同品种特性、不同肥水条件进行有区分性的精细管理，最终目标是促使主蔓达到合适的粗度，既不过粗也不过细。

③主蔓管理。树体当年管理的主要目标是形成两条健壮、花芽分化良好、径粗在0.8～1.2厘米的主蔓，以使来年有一定的产量。具体来说，主蔓应反复摘心。主蔓摘心后，芽眼发育相对饱满（图3-33），枝条发育充实。主蔓摘心后，摘心部位以下几节的芽眼花芽分化明显，对来年产量的增加、优质精品果的形成有明显促进作用。

图3-32　摘心后形成的两条主蔓　　　　　图3-33　主蔓摘心后，芽眼发育饱满

两条主蔓摘心应在主蔓向上自然生长时进行，第一次摘心可在8片叶左右时进行，视品种及生长势而定。主蔓摘心时，应防止摘心部位以下冬芽萌发。对两条主蔓上的副梢，一般采取单叶绝后处理（图3-34）。

单叶绝后

即摘心时副梢保留一片叶，去除副梢的生长点（摘心），摘心后的副梢不会再继续生长。

图3-34　单叶绝后摘心

主蔓的第二次摘心一般可在第一次摘心后上部发出的副梢有6～7片叶时进行，保留5片叶摘心。第三次摘心时，上部可保留3片叶左右，也可在生长进入缓慢期时进行，我国中部地区这一时期一般在立秋后10天左右。在主蔓较健壮的情况下，通过这3次摘心，主蔓直径当年基本可达到0.8～1.2厘米，这是来年获得丰产优质的关键步骤。进入缓慢生长期后，控制树体继续生长，再发出的副梢全部抹除。

④定植当年冬季修剪。单干双臂整形的冬季修剪，一要考虑定植的株距，二要考虑枝条的粗度。夏季进行8片叶摘心，当枝条达到要求的粗度时，冬季修剪一般可在摘心部位进行，即保留7个芽左右，根据枝条粗细程度可适当增减。对生长势强、结果性能较差的品种，可适当长放。剪口位置茎粗一般不低于0.8厘米，低于这样的粗度时，下年萌发的新梢结果能力较差。在实际操作中，应

图3-35 绑缚前　　　　　　　　　　图3-36 绑缚后

结合主蔓粗度、栽植的株距等适当调整长度。因每个主蔓来年形成新梢的能力有限，即使主蔓保留较长，来年形成的新梢数量也不会显著增加，且树体会逐年向外扩展，给今后管理带来一定困难。修剪时及时绑缚，主蔓应保持水平方向（图3-35、图3-36）。如果主蔓弯曲放置，春季发芽时，位置较高处的芽生长迅速，容易造成新梢生长不一致的现象。

对于树势强壮、主蔓生长量较大、下部主蔓超粗的植株，也可将主蔓进行反向弯曲绑缚（图3-37），使架面上主蔓粗度保持在0.8～1.2厘米，以避免树体中部出现空当，缓和生长势，促进坐果。主蔓弯曲后，春季会促进弯曲部位芽眼萌发。

图3-37 下部超粗主蔓修剪后

图3-38　两条较细主蔓修剪前　　　　图3-39　两条较细主蔓修剪后

　　当两条主蔓较细（图3-38），基部也没有达到合理粗度时，冬季修剪时可从主干顶部修剪（图3-39）。

　　⑤定植后第2年整形。确定新梢选留数量：在定植当年单株形成两条发育良好的主蔓的前提下，第2年春季葡萄发芽后，要确定新梢数量。在现代优质精品化栽培情况下，V形架单侧新梢间的距离一般保持在15～20厘米（图3-40）。

　　在采取两主蔓整形时，定植后第2年春季应去除过弱和过旺的新梢，而保

图3-40　定植后第2年夏季葡萄生长状

留下来的新梢一般不能达到上述要求的密度。因此，对于多数品种而言，定植后第2年新梢间距离偏大，尚不能进入丰产期。定梢时，要考虑树体生长势，树势较旺的树，可适当多保留新梢，以缓和树势，促进花芽分化；生长势弱的树，可适当减少新梢选留数量。在新梢数量不减少时，也可通过加强肥水管理，促进树体健壮生长。

定植后第2年冬季修剪时（图3-41），注意选留粗度适宜的枝条，对于过粗过细的枝条要尽量去除（图3-42），以保证来年结出优质果实。以优质精品化栽培为生产目标时，下年可考虑采取双枝更新的方式。

图3-41　定植后第2年修剪前　　　　　　图3-42　定植后第2年修剪后

（2）单干单臂培育。定植萌芽后，选2个健壮新梢，作为主干培养，新梢不摘心。当2个新梢长到50厘米后，只保留一个健壮新梢继续培养（图3-43），当新梢长过第一道钢丝后，继续保持新梢直立生长，其上萌发的副梢，第一道钢丝向下20厘米以下的副梢全部采用单叶绝后处理。第一道钢丝以上萌发的副梢，全部保留，这些副梢只引绑不摘心，其上萌发的二次副梢全部进行单叶绝后处理，当第一道钢丝上的蔓长达到臂长后摘心，摘心后萌发的副梢只保留顶端的副梢，其他全部疏除。

图3-43　单干单臂生长状

图3-44　单干单臂冬季修剪后

　　冬季修剪时如果夏季摘心处的蔓粗达到0.8厘米，则在摘心处剪截，如果达不到则在蔓粗0.8厘米处剪截（图3-44）。采用单枝更新则每隔10～15厘米保留一个粗度0.7厘米以上的枝条，留2～3个饱满芽短截。

　　（3）倾斜式单干树形的培养。该树形与单干单臂树形的培养极为相似，区别在于：栽苗时所有苗木均采用顺行向倾斜20°～30°，选留的新梢也按照与苗木定植时相同的角度和方向培养（图3-45）；当到达第一道钢丝时，不摘心，继续沿钢丝向前培养，以后的培养方法与单干单臂完全相同。这种树形主要用在北方埋土防寒地区，上下架方便。

图3-45　倾斜式单干树形

（二）棚架

在立柱上设横杆和铅丝，架面与地面平行或略倾斜，葡萄枝蔓均匀绑缚于架面上形成棚面，主要架形有倾斜式、屋脊式、连叠式和水平式。倾斜式棚架，棚面一边高一边低形成倾斜式；屋脊式棚架实际可以看成2行倾斜式小棚架，从棚面低端向高端对爬，两行棚面高端共用一根立柱；连叠式则可看成是倾斜式小棚架的多行连接，前一行棚面的高端与后一行棚面的低端共用一根立柱，从第二行以后的立柱高度一样，横杆以倾斜状连叠相接；水平式棚架棚面高度一致，一般为2～2.2米，棚面上用钢丝纵横连接，若整个葡萄园区的棚面连成一片，可形成大型水平连棚架。棚架整形方式大致相同，以倾斜式小棚架、水平式棚架为例进行介绍。

1. 倾斜式小棚架

（1）**架式结构。**采取倾斜式小棚架进行龙干形整形时，葡萄定植行距一般为4～5米，棚面为斜平面，棚的高度与棚面的倾斜度应根据品种及便于种植者田间操作而确定。如果所栽植的品种生长势较强时，棚面的倾斜度可小一些，棚面可水平一些，以控制长势；如果栽植的品种生长势较弱时，棚面的倾斜度可适当大一些，以促进枝条生长。一般来说，棚面的最低处为1.2米以上，最高处可为2.0～2.2米，应结合葡萄种植者的身高而定，以便于田间操作。横向钢丝间距一般为0.5米（图3-46）。

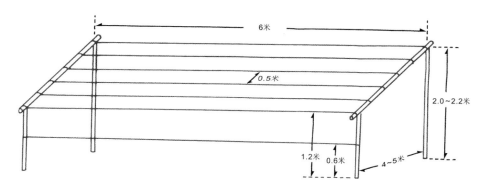

图3-46 倾斜式小棚架基本架式结构

（2）适用范围。倾斜式小棚架光照利用率较高，可充分利用空间，使太阳光能利用较为充分，适用于高产栽培；配套树形倾斜生长，适用于埋土防寒地区冬季树体埋土；行距较大、树下空间开阔，适用于机械化作业。新梢在相对平面上生长，生长势得到很大缓和，利于葡萄花芽分化，这对于生长势旺盛的品种、我国中部及南部地区葡萄花芽分化存在问题的品种显得更为重要。树体结构相对简单，整形修剪相对容易。架面较高，通风透光良好，可减轻病虫害的发生。

倾斜式小棚架的缺点：行距较大，整形时间较长，进入盛果期时间较晚；结果部位容易前移，树势不易控制；透光性较差，在我国中部及中南部地区，影响果实外观品质。

（3）龙干形整形。龙干形整形多见于我国西北部及北部地区（图3-47）。在单行避雨栽培时，一般不适宜。

图3-47　新疆倾斜式小棚架

采取龙干形整形时，一般东西行向栽植，主蔓由南向北爬行，以利于叶片进行光合作用。坡面角度可根据不同品种的生长势、操作人员的身高等而确定。主干（或主蔓）从立架面至棚面直线延伸，主蔓在棚面上的间隔距离一致，呈现平行排列，形似"龙干"。

　　在培养龙干时，为了防寒时埋土和出土方便，要注意龙干从地面引出时应有一定的倾斜度，特别是在基部30厘米以下部分的龙干与地面的夹角应在20°以下，以减少龙干基部折断的危险。龙干基部的倾斜方向应与埋土方向一致。

　　采取龙干形整形，龙干间的距离通常为0.6～1.0米。因此，采用独龙干时，株距一般为0.6～1.0米；采用双龙干时，株距应为1.2～2.0米。

　　定植当年，新梢生长至10厘米左右时，选留2个健壮的新梢，其余新梢抹除。当旺盛的那个新梢生长至20厘米左右时，保留其作为龙干向上生长，而对另一个新梢摘心处理，限制其继续生长，作为抚养枝促进根系生长。

　　棚面最低高度以下的副梢，全部采取单叶绝后处理，以上的副梢每隔10～15厘米保留一个，这些副梢交替引绑到龙干两侧生长，充分利用空间，对于副梢上萌发的二级副梢全部进行单叶绝后处理。以后均采用此方法培养，任龙干向前生长。冬天在龙干粗度为0.8厘米的成熟老化处剪截，龙干上着生的枝条则保留2个饱满芽进行剪截，作为来年的结果母枝。

　　2. 水平棚架

　　（1）架式结构。水平棚架是在田间操作人员的头部上方一定高度形成一个水平的棚面，葡萄主蔓及主蔓上发出的新梢均沿着此棚面水平方向延伸，形成一个平面棚形。

　　（2）适用范围。采取水平棚架时，主蔓新梢均水平方向生长，因此葡萄生长势得到有效控制。生长势旺盛的品种、肥水充足的地块以及生长期较长的南方地区更为适用。在现代葡萄栽培中，水平棚架提高了葡萄的树干高度，使人可以在田间前后左右任意穿行，可作为采摘观光园的理想架式。

　　（3）配套树形。

　　①H形树形整形。H形树形整形的优点是种植密度较稀，空间较大，适合采摘观光等。缺点是进入丰产期较晚。H形树形整形常见株行距通常为（4～6）米×（4～6）米（图3-48）。

　　H形树形整形时，选留一健壮新梢任其生长，其上副梢均采取单叶绝后处理，促进树干增粗。幼苗生长至水平棚架架面高度时重摘心，去除上部10厘米左右，保留上部两个副梢继续生长，其余副梢抹除。

图3-48　南方H形树形

摘心后，摘心部位以下的两副梢向两侧延伸，当生长到一定长度时摘心（图3-49）。对其上着生的二级副梢均采用单叶绝后处理。在一般肥水条件下，定植当年可形成两条健壮的主蔓。冬季修剪时，各保留一定长度修剪，一般不超过1.5米。在夏季管理中，当两副梢长度达到15～18节时，对其摘心（图3-50）。摘心后，保留摘心部位以下发出的两条二级副梢生长，其余隔3～5天后抹除。

肥水条件较好、采取嫁接苗栽培以及生长量较大的南方地区，在管理精细的情况下，定植当年也可形成完整的H形树形骨架（图3-51）。冬季修剪时，根据株行距、茎粗等确定修剪的部位。以结果为主要目的时，修剪时要考虑剪口茎粗。以整形为主要目的时，修剪时主要考虑剪留的长度，在茎粗较细时，可

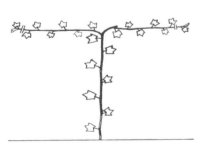

图3-49　对两条主蔓摘心

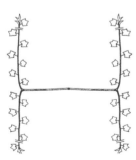

图3-50　H形树形的形成

图3-51　冬季修剪后的H形树形

通过增加肥水供应促进生长。

　　H形树形整形一般在定植后第3年即可进入丰产期，在肥水充足、管理精细时，第2年也可丰产。

　　②T形树形整形。所谓T形，即摘心后形成的两条水平生长的主蔓与主干形成T形（图3-52、图3-53）。采取T形树形整形时，葡萄定植的株距一般为2~2.5米，行距一般为4.0米左右。幼树的管理与H形树形整形前期相同。葡萄沿南北行向栽植，两主蔓向行间延伸，也可根据不同栽培方式变换方向。相对于H形树形整形，T形树形整形可更早地进入丰产期。

图3-52　T形树形结果状

图3-53　冬剪后的T形树形

（三）V形水平架

1.架式结构 V形水平架是在V形架、水平棚架的基础上发展创新而来，它集中了二者的优点，适用于长势较强的品种。

V形水平架（图3-54）相当于将干高提高到1.6米的V形架，架面上每侧有3道钢丝，分别沿葡萄种植行方向牵引，距离立柱的距离分别为20厘米、60厘米、100厘米。葡萄新梢沿与钢丝垂直的方向绑缚在架面上。

2.适用范围 V形水平架集中了V形架及水平架的优点，尤

图3-54 V形水平架

其适合生长势较为旺盛的品种，适用于葡萄生长期较长、生长量较大的南方地区。生长势中庸的品种、葡萄生长期相对较短的中部及中北部地区，在新梢进入水平生长阶段时，应加强肥水供应，促进树体生长，以避免出现生长势衰弱的现象。

V形水平架保留了V形叶幕，两条结果带高度一致，适合规范化栽培；提高了结果部位，形成水平叶幕，通风透光良好，减轻了病害，并且方便进行果穗处理；由于有叶幕遮阴，减少了日灼现象，并且果实成熟期一致，没有阴阳面；缓和了树势，有利于坐果。

3.配套树形 V形水平架适用于上述V形架整形的多数整形方式。相对于V形架，V形水平架增加了树干的高度，生长后期新梢沿水平方向生长。配套树体整形可参考V形架整形方式而定。

三、桃高光效树形管理

（一）桃高光效树形

传统桃园种植采用稀植、大冠、三主枝开心形树形（图3-55）。近年来，新的树形如两主枝开心形和主干形也出现了。然而，这些传统和新的树形存在一

图3-55 桃树传统开心形树形

些问题。首先，株距较大，导致树体过分扩张，进入盛果期后容易郁闭，导致光照不足，劳作不便。其次，这些树形产生了大量徒长枝，导致树体营养浪费严重，耗费大量人力和物力。再次，这些树形外围果实质量好，内膛果实质量差，且产量偏低。因此，传统桃园需要改变种植方式，采用更加科学的树形设计和管理方式，以提高产量、质量和生产效益。

随着我国城市化进程的加快和务农劳动力的减少，果树产业正从传统方式向现代化生产经营方式转型。为适应这种转型，果树的栽植方式和整形修剪方式也必须相应调整。在业界，普遍认为现代化果树栽培制度应采用大行距、小株距栽植，小角度、高冠整形，行间生草，主要生产过程机械化，以减少劳动力投入并提高生产效率。采用这些新的栽培方式和技术可以大大提高果树的产量和质量，进一步促进果树产业的发展和现代化。

本小节推荐一种由传统整形方式与主干形修剪技术相结合而创造的新的整形修剪模式——半直立、多主无侧高光效树形（semierect, several scaffold branch, secondary-branchless，简称3S）。

1.3S 树形的主要特点

（1）依据株行距不同，每株培养主枝2～4个，主枝上直接着生结果枝或小型结果枝组，一般无侧枝。

（2）每个主枝按主干形修剪管理，一般采用单枝更新。

（3）每个主枝均为半直立，主枝与垂直方向夹角为20°～30°。

2.3S 树形的整形修剪技术要点

（1）选择株行距与行向。建议株行距1.2米×4.0米，每亩139株，或1.2米×5米，每亩110株，每株留2个主枝；或株行距2.5米×4.0米，每亩67株，每株留3～4个主枝。南北成行。

（2）定植当年。在萌芽前定干，干高40～50厘米，依据株行距大小，每株留2个主枝，分别向东、西方向延伸；或留4个主枝，2个主枝朝东，2个主枝朝西。通过拉或撑，使各主枝呈半直立状态，与垂直方向夹角为20°～30°。

（3）保持每个主枝的顶端生长优势，及时处理（剪除、扭伤或重短截）影响主枝延长生长的"侧枝"。

（4）7月中旬之后，树冠适量喷洒多效唑或促花剂，促进树体由营养生长向生殖生长转化，形成花芽，使主枝上的"侧枝"成为结果枝。

（5）冬剪时，一般采用长梢修剪，只疏除不适合结果的粗旺枝、过密枝或病虫枝。

（6）第2年生长季夏剪，只需疏除不适合下一年结果的粗旺枝（超过筷子粗度）。冬剪时，疏除当年已结果的"老枝"，当年新形成的结果枝留作下一年结果用。以后每年都如此管理。

这种树形的技术关键是每年夏季修剪时，要及时疏除粗度超过筷子的粗枝，尤其是上部的粗旺枝要及时剪除，谨防上强下弱，形成"伞"形树冠，影响下部光照。主枝高度略小于行距，约2.5米，每年冬剪时将高出部分剪除。

3. 3S 树形的主要优点

（1）顺应桃树生长特性，成形快，易修剪。

（2）半直立树形，不易郁闭，方便机械化管理；行间光照好，便于生草或间作。

（3）树冠内光照好，立体结果，产量高，品质好。

（4）技术简单，易掌握。

图3-56　两主无侧高光效树形　　　　　图3-57　四主无侧高光效树形

（二）高光效树形整形修剪

高光效树形适合平原、山地、密植园及保护地栽培，南北成行，两主枝或四主枝呈东西向、错落着生；每个主枝留3个侧枝，在山地果园（梯田），两主枝或四主枝分别朝向西北和东南方向。

整形修剪方法如下[以两主枝（图3-56）为例，四主枝（图3-57）类似，差别是主枝数量不同]：

1.定干　根据苗木情况，一般于嫁接口上方20厘米左右处定干。

2.抹芽　萌芽成活后，将嫁接口以下的芽抹掉。

3.选留主枝　新梢长至30～40厘米时，选留生长势好并垂直于行向的2个新梢作为主枝培养，立竹竿进行绑缚，保持两主枝夹角30°左右，疏除其他新梢。

4.夏季修剪　及时处理主枝背上过旺的二次梢以及外围延长梢附近过旺的二次梢，保持延长梢优势，保证单轴延伸。

5.冬季修剪　疏除过强的临时枝，主枝上的分枝按去强留弱、去直留斜的原

图3-58　细长圆柱形树形

则疏除部分过密枝，保持分枝间距10厘米左右，疏除外围延长枝的竞争枝，除背上枝条外其他部位疏剪时可留短桩，利于第2年发枝。

四、梨高光效树形管理

（一）梨高光效树形

目前梨生产中常见的高光效树形有细长圆柱形、Y形。

1.细长圆柱形　细长圆柱形适合4米×1.0米、4米×1.5米、3.5米×1.0米、3.5米×1.5米的栽培密度。该树形结构与细长纺锤形十分类似，不同之处是中心干上着生25个左右单轴延伸的结果枝，3年成形，成形时树高3.5米以内（图3-58）。

2.Y形　梨树Y形栽培，依靠架材与上面的钢丝，对枝条进行拉枝，开张角度，能控制顶端的强势生长，起到抑前促后的效果，使枝条养分分布均匀，促

图3-59　Y形树形

进基部芽萌发，增强基部结果和总体成花，调节营养生长与生殖生长的平衡关系，表现为结果早、前期产量高和高产稳产（图3-59）。

（二）梨高光效树形整形修剪

1.细长圆柱形整形修剪　第1年（当年）栽后留40～50厘米短剪定干（图3-60），春天发枝后选留长势最强旺的枝为中心干，其他分枝在长到30厘米时打顶控长，此后重复打顶操作，使营养集中供给中心干生长，促使中心干当年长到1.5米以上。同时要在每行立支柱（图3-61），支柱高度3.5米、间距10～15米；拉3道钢丝，分别在1.2米、2.5米、3.5米处。

第2年春天柳树吐绿时，对中心干距地面60厘米以上、顶梢20厘米以下的芽进行刻芽处理，在芽上方0.5厘米处用小钢锯进行刻芽（图3-62），深度达木质部，宽度为中心干粗度的1/3～1/2，呈月牙形（图3-63）。萌发枝条长到30厘米时，与中心干夹角小于50°的枝条用粗号牙签撑成50°即可（图3-64）。

第3年春天重复第2年的刻芽和撑枝操作，直至中心干3米高时不再进行刻芽处理，如果下部萌发枝条过大要去除，以防止下部枝条卡脖子影响上部枝条

图3-60 定干

图3-61 立支柱

图3-62 刻芽

图3-63 刻芽后

图3-64 用牙签撑枝

的萌发。而此时不但中心干60厘米以下的一部分临时分枝可开花结果，而且上一年刻芽所发枝条顶芽皆可成花结果（图3-65）。到秋天基本形成中心干上有25～30个分枝的细长圆柱形树形结构。

结果后将中心干回缩到适当高度的结果枝处来限制树体高度。中心干上的结果枝粗度不能超过中心干的1/3。保持结果枝的健壮长势，需要更新时可用基部的侧枝培养成新的结果枝，或采用斜剪、回缩促生新侧枝成为结果枝。

图3-65　3年生开花梨树

2. Y形树形整形修剪

（1）第1年。选择壮苗定植，壮苗的标准是苗高80厘米以上，茎粗1厘米以上，根系较完整，有两条以上侧根，无根腐病。整形带内按南北行向挖好定植沟，施足基肥，以1米×4米的株行距定植。定植后留60～70厘米定干，要求剪口下有健壮芽5～6个。新梢长30厘米时，为防止将来主枝引缚上棚架时劈裂，将剪口下第1、2芽枝捻枝抑制其发育（待主枝引缚上棚架后去除），而留用基角较大的第3、4芽枝作为主枝。待主枝形成后于夏季将除两个主枝外的其余枝条全部疏除。同时在每行立支柱（图3-66），便于枝条上架。

图3-66　Y形支柱

图3-67　侧枝合理分布

（2）第2年。此时为加快主枝生长及提早形成树冠的关键期，应使主枝前端保持垂直往上生长，平衡其生长势，生长势弱的要抬高梢角，生长势强的要拉枝。待2个主枝长到一定长度时，开始引缚上棚架。春季发芽前对弱的主枝延长枝短截1/3，以防主枝延长枝枝势衰弱。对主枝延长枝的竞争枝于生长季摘心或疏除。对主枝上抽生的强旺枝通过摘心、扭梢等控制其生长，以免影响主枝生长。培养侧枝时要注意使侧枝以30～40厘米的间距在主枝两侧排列，尽可能地平衡各枝条的长势（图3-67）。

（3）第3～5年。

①冬剪。幼树期及初果期树的修剪，主要是培养各级骨干枝，使各类枝条迅速布满棚面。对主枝和侧枝的延长枝根据其生长势剪留，弱的剪到饱满芽处，壮的剪去顶端2～3芽，剪口芽留背上芽。主侧枝头上的1年生枝上不允许坐果，竞争枝和强壮枝要疏除。为避免竞争，主枝上的3年生枝才培养成侧枝。侧枝上每30厘米左右留1个单轴结果枝组，缺枝部位可通过绑缚诱引的方法填充空间（图3-68）。

单轴结果枝组的培养方法：选健壮1年生枝剪留20厘米作为基轴，留背上芽，其余芽抹除；第2年修剪时剪留背上芽，剪去新梢长度10%左右；第3年剪去新梢50%～60%；第4年以后，空间已被单轴枝组布满，此时新梢剪留1～3芽即可。为保持果形端正，单轴结果枝组应在6年后进行更新。

温馨提示

需要注意的是，冬季修剪无论是主侧枝头，还是结果枝组的头，短截时全部留背上芽。

图3-68　幼树整形

②夏剪。为了减少强壮发育枝及徒长枝的数量，开花后30天内，对主侧枝及结果枝组背部不定芽萌生的嫩芽、枝条要及时剪除。5月下旬至6月中旬，对主侧枝及结果枝组背上的徒长枝和壮发育枝，除需要培养单轴结果枝组或需要培养预备枝的枝条保留外，其余枝条都需剪截处理，不定芽萌发的枝条留5片叶短截，其他枝条留基部丛叶剪除。7月新梢停长以后，要对所有冬剪预留的1年生枝（包括主侧枝头及结果枝组头），按其预定的生长方向全部拉枝或撑枝，拉枝或撑枝角度为30°～45°。10月下旬，将没有拉枝或撑枝的多余新梢从基部剪除。冬剪同时或冬剪结束后，将所有夏季拉的枝拉至与棚面水平。

梨树腋花芽和结果枝较易形成，春季要严格加强疏花疏果，防止结果过多，造成树体未老先衰；要重视夏季修剪，如果春季抹芽不及时，易导致基部徒长枝林立，既不利于树体营养积累，也使得冬季疏枝量大；要及时拉枝诱引，调整主侧枝的角度和结果枝的分布，以利于通风透光，提高果实产量和品质。幼树修剪遵循"轻剪、长放、少疏枝"原则。冬季选好骨干枝、延长枝头，进行中、重度剪截，促发长枝。结果枝适当短截，疏删背上直立枝、病虫枝、过密枝、竞争枝、重叠枝和交叉枝，对周围空间较大、生长一般的枝条进行长放（图3-69至图3-71）。

图3-69　及时疏除结果枝组的背上直立枝，呈单轴延伸

图3-70　疏除中心干竞争枝

图3-71　及时疏除直立枝或拿枝

图3-72　Y形树形结果树

3. 高光效树形结果期的整形修剪　梨树栽植后，通过 2～3 年的幼树整形转入结果期（图3-72）。在结果初期，还要注意培养树形，继续完成整形任务。但整个结果期修剪的重点是调节生长与结果的平衡，保持树体健壮，为优质高档梨的生产创造条件。梨发枝力强、成枝力弱，大多以短果枝结果为主，修剪时应重点注意以下事项：

（1）结果枝组的培养与修剪。结果枝组的数量和布局合理是获得高产、稳产的关键。对容易成花的品种，可采用先短截后长放或短截后回缩的方法，对不易成花的品种，可以先长放后回缩，以培养结果枝组。盛果前期和进入盛果期的树，对结果枝组应进行精细修剪，同一结果枝组内应保留预备枝，轮换更新，交替结果，防止结果部位外移。要充分利用轻剪长放和短剪回缩，调节和控制结果枝组内和结果枝组间的更新复壮与生长结果，使其既能保持旺盛的结果能力，又具有适当的营养生长量。

（2）辅养枝的修剪。由于梨树的成枝力弱，整形修剪时，在骨干枝之间的空隙处，要适当多留一些辅养枝，以增强树势，利用其结果。当其影响主枝生长时，应及时回缩，直至疏除。

（3）防止结果部位外移。疏剪上部和外围的强枝，减少上部和外围枝数量，疏去直立强枝，留中庸枝并缓放，促其成花结果，以减弱生长势。对下部和内膛弱枝多留少疏，并适当短剪以促发分枝并复壮更新。对弱枝回缩到壮枝、壮芽处，以增强树势。对伸向行间的枝要适当回缩，使行间保持本树形应有的过道宽度。

（4）其他。盛果期应加重冬剪，对内膛弱枝更新复壮，使内膛和下部枝培养丰满后，再交替结果，同时预防结果部外移，保持树体结构。夏季修剪作为辅助修剪，主要采用摘心、扭梢、拉枝等技术，以促进花芽分化。

五、无花果高光效树形管理

（一）无花果高光效树形

合理的树形是无花果丰产、稳产与优质的基础。无花果喜光，生产上要保持果树生长环境的通风透光和果树本身的通风透光。目前无花果主要树形有丛状形、Y（V）形、X形（"工"字形或H形）、"一"字形、自然开心形等。我国北方露地栽培多采用丛状形，威海青皮无花果多采用多主枝自然开心形，南方地区种植需重剪的波姬红、玛斯义陶芬等品种多采用Y形，北方温室栽培、采摘园推荐"一"字形或X形。本书将重点介绍目前较流行的Y（V）形和"一"字形。

1. 丛状形树形

（1）定植密度。常见株行距为（1.5~2）米×3米。

（2）树形结构特点。植株比较矮小，无主干，呈丛生状态，幼树结果母枝直接从基部抽生，成年树从由结果母枝演变而来的主枝抽生结果枝，结果后转为新的结果母枝，抽生部位较低（图3-73）。

图3-73 丛状形树形

丛状形树形优点是植株矮小，便于密植，方便埋土；缺点是根部分蘖较多，去除难度大。

2.Y（V）形树形

（1）定植密度。株行距为（0.6～0.8）米×（2.5～2.8）米，北方8米跨度拱棚可定植3行。

（2）树形结构特点。用双十字篱架栽培原理，将无花果枝条分两边绑缚于支架两侧，使无花果枝条呈Y形树冠结构（图3-74）。支架呈双十字形，由一根直立支柱上、下固定两根横杆，横杆各端头连接钢丝，横杆上宽下窄，以便当年生无花果枝条自基部呈Y形分布于支架两侧生长。立柱可用截面8厘米×10厘米、长250厘米的水泥柱，上、下两根横杆可选用杂木或镀锌钢管。下横杆长60厘米，离地高60厘米，上横杆距下横杆70～80厘米，上横杆长100厘米。在上、下横杆端点各用14号钢丝顺行向拉紧，即呈Y形架式。

该树形优点是方便无花果田间作业，利于改善无花果通风透光条件，使所有枝条受光均匀、生长健壮、结果良好，产量高。缺点是因留枝量大，影响底部果实上色，南方多通过摘叶改善通风透光条件，但过度摘叶会影响果实品质。

图3-74　Y（V）形树形

3. 多主枝自然开心形树形

（1）定植密度。株行距（2～3）米×(3～4)米。

（2）树形结构特点。树冠体积较大，有低矮主干，无中心干，有3～4个主枝和副主枝（又称侧枝）（图3-75）。目前在露地可以自然越冬的地区采用，是青皮、紫蕾等品种主流修剪树形。

图3-75 多主枝自然开心形树形

该树形优点是立体结果能力强，树势易控制，修剪比较容易；冠内通风透光好，果实产量高，品质好，适合夏秋果兼用且树势强的品种。缺点是风大的地区不宜采用该树形，并且由于树冠大，采收不方便。

4.“一”字形树形

（1）定植密度。前期可以密植，株距1.5～2米，行距1.8～2米。2～3年后间伐到株距3～4米。8米跨度大棚定植4行。采摘园考虑游客的舒适性和果实着色，可以考虑9～10米跨度的大棚，行距增加到2.25～2.5米。

（2）树形结构特点。“一”字形是日本目前采用较多的一种树形，这种树形简便、整齐，推广较快，特别适合保护地栽培，但是需要搭架。其主要树体结构特点是矮干，两个主枝沿行向水平或向前延伸，需钢丝引缚；在水平式主

图3-76 "一"字形树形

枝上均匀着生结果枝，并垂直引缚到上层钢丝，使结果部位处于一个垂直面上，果实由下而上依次成熟（图3-76）。

该树形优点是均衡结果枝的长势，降低始果部位；果形一致，大小均匀，树冠紧凑，便于采摘和管理，特别适用于无花果采摘园；结果枝密度大，产量高。缺点是结果部位较低的地方透光性差，影响果实上色和品质；基本上没有夏果。

5.X 形树形

（1）定植密度。株行距（1.5～2）米×（3～3.5）米。

（2）树形结构特点。此树形主干高20～40厘米，全树有4个主枝，呈水平X形向外伸展，主枝按间隔20厘米左右留侧枝作为结果母枝（图3-77）。

图3-77 X形树形

该树形优点是均衡结果枝的长势，简化管理作业，增加了初期产量。果实大小、品质较整齐一致，产量高。北方露地栽培选择抗寒性好的品种采用X形树形，方便覆盖旧棉被越冬。缺点是基本没有夏果。

定植当年留干，萌芽后选4个方位角度合理的枝条培养，其余去掉。考虑到拉枝绑缚或北方埋土越冬，4个主枝可在拉枝后使中末端平行于行向，即呈H形。冬剪时将主枝短截，长度70～90厘米。对结果母枝每年反复留1～2个芽短截，结果母枝高度在同一平面上。

> **温馨提示**
>
> 主枝修剪时注意芽的方向，以生长方向朝外扩大树冠为佳，剪口处在留芽的前一节。

（二）无花果高光效树形整形修剪

1.丛状形树形整形修剪　苗木定植后在基部留15～20厘米短截，在当年新发枝中选留4～6个枝条，第2年春季短截后培养成结果母枝，短截的长度依各枝条长势而定，粗壮枝长些，一般0.6～0.8米，细弱枝稍短，一般0.5～0.6米。第2年把所留枝条压至与地面呈15°～35°角，方便北方冬季将各枝条压倒埋土，开春扒开，也为矮化丰产打下基础。此树形适合发枝旺、枝条生长量大的品种。大多数情况为无花果树遭遇冻害，地上部分冻死后被迫采用这种树形。

2.Y（V）形树形整形修剪　无花果整形修剪采用一年一截方式，定植当年定干高度30～40厘米，留生长健壮的枝条3～4个，用作当年生长结果枝，并在冬季进行重短截，仅留枝条基部2～3芽。待无花果新枝长至70～80厘米时(约5月下旬)，即可沿第一道钢丝将每株已选定的新枝均匀引缚于两边钢丝上，便于其生长，当新枝长至150～160厘米时可将其引缚在第二道钢丝上继续生长。最终使无花果的树冠呈Y（V)形开张生长。

第2年春季经短截的枝条上选留两个生长健壮的新枝作为当年生长结果枝,即全树枝条"三变六，四变八"；再经过第2年冬剪，根据来年留枝量和留枝方位，选留高低适中、带2～3芽的枝条6～8条，第3年全树枝条多达12～16个，形成类似杯状形树冠。此树形为玛斯义陶芬无花果最常用树形。

3. "一"字形树形整形修剪

（1）定干。定植当年30～40厘米定干。

（2）抹芽。将贴地发出的萌芽及相互遮挡、重叠的萌芽抹除，选留3～4个方便后期沿行向延伸的新梢。地径1～1.5厘米的无花果苗建议留3～4个结果枝，地径1.5厘米以上的壮苗可以留4～6个结果枝。无花果枝叶中富含蛋白酶，抹芽时需佩戴胶皮手套。

（3）拿枝。当枝条长50～60厘米、半木质化时进行拿枝，一只手握住枝条基部，另一只手握住枝条往下弯，使枝条从直立变成斜生。

> **温馨提示**
>
> 注意下手要缓，不要折断枝条，且全程要戴胶皮手套。

（4）拉枝。在离地30～40厘米处拉一条平行于行向的粗钢丝。从中选择方向适合、长势较好的两个主枝，在新枝长度为70～100厘米且未完全木质化时提前拉枝，使枝条长势放缓，拉枝后枝条离地角度为30°～40°，落叶后拉平，绑缚到粗钢丝上。

> **温馨提示**
>
> 一些树势较强的品种，如金傲芬、青皮等，如落叶后直接拉平，很容易导致分权处断裂。

（5）引缚。定植后第2年在两个水平式主枝上均匀留结果枝，间距为20～25厘米。待结果新梢直立向上生长长度达到1米和1.3米左右时，分别架设第二、三道钢丝，并将结果枝垂直引缚到上层钢丝，使结果部位处于一个垂直面上，果实由下而上依次成熟。

（6）剪枝。冬季落叶后将结果枝留2～3芽短截。如前期按照1.5米株距密植，第1年冬季修剪时对主枝延长枝进行适当短截。第2年冬季落叶后间伐，最边缘结果枝可进行提前拉枝，落叶后拉平作为主枝延长枝留用；其他结果枝亦留2～3芽后进行短截，间距仍为20～25厘米。第3年以后，结果母枝反复保留1～2芽短梢修剪，并注意防止结果母枝远离主枝。

图3-78 宽行密植

六、柑橘高光效树形管理

省力化栽培柑橘的树形管理目标是植株变矮，冠幅变小、变扁，骨干枝少、结构简单，达到优质省力丰产园相。具体表现为树体健壮，枝梢充实，叶绿而厚；树冠凹凸，上小下大；干矮，主枝开心，侧枝多而疏密适度，且分布均匀；树冠内部枝叶较密而均匀，外部略疏，叶数量多，有效结果枝数多，呈立体结果的姿势。

一般进行宽行密植栽培（图3-78），株行距2.0米×4.5米或2.5米×5米。定植后及时配置滴灌系统，滴灌建议采用管径16毫米或20毫米的滴灌带（每30～40厘米有一个贴片式的滴孔），每条种植垄上铺设1～2条滴灌带。

定植时选择单干壮苗，定植后在40～50厘米高度处短截定干（图3-79）。固定立杆扶直主干，及时去除不当萌芽，适当拉枝，科学肥水管理，培育矮冠树形。

新梢管理上尽量长春梢，不长夏梢，整齐促发秋梢，并及时剪除晚秋梢和冬梢。春季萌芽前采用"8字"口诀进行修剪，达到控冠、维持树体健壮、稳产提质的目的。

图3-79 短截定干

掐头：高于2米的大枝在中下部合适位置回缩。

去尾：低于0.5米的裙枝从基部剪掉。

缩冠：延伸过长、下垂、衰弱枝梢进行回缩以控冠、强冠。

疏枝：树冠过密处疏除弱枝组、强旺枝。

整形修剪是实现优良园相的重要技术措施。放任生长的柑橘树，主枝多而乱，外围枝梢密集，内部枝梢因遮阴而大量枯死，产量和品质大大下降。通过整形，确定主干高度和主枝数目，并使主枝均匀分布，培养主枝少、枝组和小枝多，既疏密有致，又通风透光的树形结构，形成能立体结果的优质、丰产树形。通过修剪，调节树体营养生长和生殖生长的平衡，控制开花数量，保持丰产、稳产的能力；及时去弱留强，更新复壮，保持中庸稍强树势；减少病虫害滋生，提高果实产量和品质，延长盛果期。

（一）适宜树形

1.自然开心形　干高20～40厘米，主枝3～4个并且在主干上错落有致地分布。主枝分枝角度30°～45°，各主枝配置副主枝2～3个，一般在第三主枝形成后，即将类中央干剪除或扭向一边作为结果枝组（图3-80）。自然开心形适用于温州蜜柑、树冠较开张的甜橙等品种。

图3-80　自然开心形

2.变则主干形 干高30～40厘米，选留类中央干，配置主枝5～6个。主枝间距30～50厘米，分枝角度45°左右。主枝间分布均匀有层次，各主枝上配置副主枝或侧枝3～5个，分枝角度40°左右（图3-81）。变则主干形适用于长势较强的橙类、柚类、柠檬等品种。这种树形随着树龄的增大，容易出现树冠郁闭的现象，所以要视树冠郁闭情况，采用大枝修剪法，即剪去或锯去中心的直立大枝，使树冠开心。

3.自然圆头形 主干高25～35厘米。主枝共3～5个，幼树期先培育2～3个，主枝间约呈120°角，以后在中心干上再培育2～3个；主枝间距30～50厘米，主枝分枝角度30°～50°，各主枝上配置副主枝或侧枝3～4个（图3-82）。

图3-81　变则主干形

图3-82　自然圆头形

自然圆头形适用于树势较强的甜橙、柚及柠檬等品种。这种树形随着树龄的增大也容易出现树冠郁闭的现象，所以要视树冠郁闭情况，剪去或锯去中心的直立大枝，使树冠开心。

（二）修剪方法

1.修剪时期

（1）冬季修剪。在采果后至春季萌芽前进行。这时柑橘相对休眠，生长量少，生理活动较弱，修剪时养分损失较少。冬季无低温冻害的地区，采果后即可修剪，修剪越早，伤口愈合越快，节省养分越多，效果越好。有冻害的地区，修剪应在霜冻期过后的早春2～3月进行。

冬季修剪能调节树体养分，恢复树势，协调生长与结果的平衡，使翌年抽生的春梢生长健壮，花器发育充实。需要更新复壮的老树、弱树，也可在春梢萌动时回缩修剪，重剪后新梢抽发多而壮，树冠恢复快。

（2）生长期修剪。生长期修剪是指春梢抽生后至采果前的整个生长期的各项修剪处理。这段时期内柑橘树生长旺盛，生理活动活跃，修剪后反应快，生长量多，对衰老树更新复壮、抽发新梢有良好效果。修剪时要根据树龄、树势和当年果实产量决定修剪的方式和程度，一般剪除量较轻，要避免在高温干旱期进行。生长期修剪可分为以下几种。

①春季修剪。即在春梢抽生现蕾时进行复剪。目的是调节春梢和花蕾及幼果的数量比例。疏除树冠顶部所有春梢及中外围的过多春梢，是防止春梢抽生过旺、减少落花落果的有效措施，在生长较强的温州蜜柑上使用效果很好。对花量较多的树再次疏剪成花母枝，可减少过多的花朵和幼果数量。

②夏季修剪。指5～6月第二次生理落果前后的修剪。包括幼树抹芽放梢，培育骨干枝；结果树抹除夏梢，减少生理落果；对过长的春夏梢留25～30厘米摘心，培育健壮枝；衰老更新树于春梢抽生后重短截回缩，更新大枝；对直立大枝或徒长枝采取拉枝、扭梢、拿枝等处理促花。

③秋季修剪。指7月定果后的修剪。包括抹芽放秋梢，培育多而健壮的秋梢母枝；疏除密弱和位置不当的秋梢，以免母枝过多或纤弱；进行大枝环割和采取断根控水等措施，促进母枝花芽分化等。主要目的是培育优良的结果母枝和促进花芽分化。

2. 修剪步骤

（1）修剪前，要先观察了解全园和全树的生长情况和产量，并考虑品种和树龄大小，然后决定修剪的方式和修剪量。

（2）先锯除过多的或重叠的主枝、副主枝、大枝，再处理枝组及枝梢。

（3）以主枝为单位，修剪从上到下、从内到外进行。

（4）及时保护较大的剪口和锯口，如涂抹保护剂等。

（5）剪后检查，如有遗漏，及时补剪。

3. 修剪方法　主要是通过疏删、短截、回缩、抹芽、摘心、拉枝等方法对柑橘进行精细修剪。

（1）疏删。疏删是一种去弱留强的修剪方法，是将密弱枝、丛生枝、病虫枝、徒长枝或多余的枝梢自基部整个剪去（图3-83）。疏删后减少了树冠内的枝条数量，改善了树冠的光照通风条件，同时又使剩留的枝梢获得更多养分供应的机会，因而可提高产量。如果树势过强，也可疏删强枝，以抑制或削弱枝梢的生长势。

（2）短截。将一年生枝条剪去一部分，保留基部一段，称短截（图3-84）。一般剪在壮芽处，促使壮芽抽壮梢；通过对剪口芽方向的选定，可以调节未来大枝或侧枝的抽生方向和强弱。短截可以加强营养生长。

图3-83　疏删

图3-84　短截

（3）回缩。即剪除多年生枝梢先端衰弱部分，是一种重度短截（图3-85）。多用于侧枝的更新和大枝顶端衰退枝的更新修剪。回缩越重，剪口枝的萌发力越强，大枝更新效果越明显。回缩时，应选留强壮的剪口枝，并疏删或短截剪

图3-85 回缩

图3-86 抹芽前

图3-87 抹芽后

口枝上的弱枝和其他枝梢,以减少花量,确保枝梢复壮。

(4)抹芽(抹梢)。在枝梢抽生至1~2厘米时,将嫩芽抹除,称抹芽(图3-86、图3-87)。抹芽的作用与疏删相似。由于夏、秋梢零星陆续发生,对初发生的夏、秋梢经多次抹除后,按要求的时间不再抹除,统一放梢,使抽梢整齐,便于病虫害防治。

图3-88　摘心前

图3-89　摘心后

（5）摘心。在新梢伸长期，根据需要保留一定的长度，摘除先端部分，称摘心（图3-88、图3-89）。其作用类似于短截。摘心能限制新梢伸长生长，促进新梢增粗生长，使枝梢组织充实。

图3-90　拉枝　　　　　　　　　　　　　图3-91　扭梢和拿枝

（6）拉枝。用绳索牵引拉枝、竹棍撑枝、石块等重物吊枝等，将大枝改变生长方向，以符合整形要求（图3-90）。该方法适用于幼树整形和徒长枝的利用。

（7）扭梢和拿枝。将新抽生的直立枝、竞争枝或徒长枝，自基部3～5厘米处用手指捏紧，旋转180°，称扭梢（图3-91）。用手将新梢从基部至顶部逐步强行弯折1～2次，称拿枝。它们的作用是使枝梢的皮层与木质部的输导组织受到损伤，缓和生长势，促进花芽分化。经扭梢或拿枝处理的枝条在开花结果后剪除。

（8）环割和环剥。用利刀割断大枝或侧枝的韧皮部一圈或数圈称环割，剥去一圈韧皮部称环剥（图3-92）。环剥不当会造成剥皮部位上方的枝条黄化或死

图3-92　环割和环剥　　　　　　　　　图3-93　刻伤

图3-94 断根

亡，所以一般采用环割。环割主要用于旺长幼树或结果性差的壮树。割断韧皮部后，暂时中断养分向下输送，使糖类在枝叶中高浓度积累，促进花芽分化或提高坐果率。

（9）刻伤。在主干的适当部位，选择1个芽，在芽的上方横刻一刀，深达木质部，称刻伤（图3-93）。这种方法具有促进隐芽萌发或使枝梢生长强壮的作用，用于幼树整形时添补主枝，或树冠空缺处添补大枝。

（10）断根。挖开树冠下的土壤，切断部分1～2厘米粗的大根和侧根，削平伤口，施肥覆土即可（图3-94）。其目的是暂时减少根系吸肥能力，从而限制地上部生长，促进开花结果。断根主要用于不结果、生长旺盛的强树，或用于衰老树的根系更新。

4. 不同树的修剪要点

（1）幼年树。以轻剪为主。选定类中央干延长枝和各主枝、副主枝延长枝后，对其进行中度至重度短截，并利用短截程度和剪口芽方向调节各主枝间的生长势平衡，运用拉枝方法将直立枝条拉成45°角左右，以缓和树势，加快树冠形成。轻剪其余枝梢，避免过多的疏删和重短截。除适当疏删过密枝梢外，内膛枝和树冠中下部较弱的枝梢一般均应保留。剪去所有晚秋梢。

（2）初结果树。继续选择和短截处理各级骨干枝延长枝，抹除夏梢，促发健壮秋梢。对过长的营养枝留8～10片叶及时摘心，回缩或短截结果后的枝组。剪去所有晚秋梢。秋季对旺盛生长的树采用环割、断根、控水等促花措施。

图3-95　开窗修剪

（3）盛果树。及时回缩结果枝组、落花落果枝组和衰退枝组。剪除枯枝、病虫枝。对骨干枝过多和树冠郁闭严重的树，可用大枝修剪法修剪，锯去中间直立性骨干大枝，开出"天窗"，将光线引入内膛（图3-95）。对当年抽生的夏、秋梢营养枝，通过短截或疏删其中部分枝梢调节翌年产量，防止大小年结果。对无叶枝组，在重疏删基础上，短截大部分或全部枝梢。一般树高控制在2.5米以下。

（4）衰老树。应减少花量，甚至舍弃全部产量以恢复树势。首先，用大枝修剪法，锯除直立大枝和重叠交叉的大枝，然后进行更新修剪处理。在回缩衰弱枝组的基础上，疏删密弱枝群，短截所有夏、秋梢营养枝和有叶结果枝。极衰弱的树，在萌芽前将侧枝或主枝进行回缩处理。对衰老树经更新修剪后促发的夏、秋梢进行截强、留中、去弱处理。

（5）大年树。要注意为下一年结果留好预备枝。一般有3种留法：上一年采果后留下的枝条不加修剪，当年其上抽发的春梢营养枝，一般能成为下一年的结果母枝；对全树夏、秋梢1/3～1/2的枝条进行强短截，剪口在夏梢基部至中部，使其抽生下一年的结果母枝；将部分二年生枝上丛生的多数春梢删除，促使其抽发强壮的营养枝而成为下一年的结果母枝。

（6）小年树。修剪期宜推迟到3月底至4月初肉眼能辨别花蕾时，应尽量保留花枝，使当年多结果。对上一年结果后留下的大量果梗枝应按下述方法进行整理：对只着生果梗枝的2年生枝，应将其上的果梗枝从基部剪除；果梗枝下方有短营养枝的，剪去其上方的果梗枝，使留下的短营养枝当年有希望结果；果梗枝下方有强壮营养枝的，除留强壮营养枝当年结果外，将果梗枝短截1/3～1/2，使其当年抽生营养枝，成为下一年的结果母枝。

图 解 果 树 省 力 化 优 质 高 效 栽 培

TUJIE GUOSHU SHENGLIHUA YOUZHI GAOXIAO ZAIPEI

第四章 花果高效管理

一、苹果花果高效管理

（一）高效授粉技术

1. 配置授粉树　苹果生产中必须配置适宜的品种作为授粉树。在我国，主产区10年以上树龄的苹果园，主要是按照比例配置授粉树，欧美国家一般不栽植栽培品种作为授粉树，而是在行间栽植专用海棠品种作为授粉树（图4-1）。

图4-1　配置授粉树

对授粉树的要求

容易形成花芽，花量大，花期长，而且与主栽品种花期一致；花粉量大，花粉活性高，与主栽品种授粉亲和力强，同时花粉直感效应明显，有促进着色和提高品质的作用；生态适应性强，幼树生长量大，干性强，冠幅小，树冠容易控制。

常用的授粉品种有红玛瑙、雪球、绚丽、满洲里等专用授粉海棠品种，主栽品种与授粉品种配比为（15～20）：1。

2. 果园放蜂　放蜂可明显提高苹果坐果率，一般一箱生长健壮的蜂群可满足6～10亩苹果园的授粉需要（图4-2）。计划放蜂的苹果园，如果要喷杀虫剂、杀菌剂，须在花前10～15天进行。放蜂期间禁喷任何药剂。

3. **人工点授**　如遇花期阴雨、低温、大风和霜冻等恶劣天气，昆虫活动受阻，花器官受害，坐果率会大幅度降低。为提高坐果率，保证当年产量，要采取人工辅助授粉。主栽品种开花前3天左右，选择适宜的授粉品种，采集含苞待放的铃铛花，带回室内立即取花药，并在20～26℃下阴干，阴干过程中不时翻动，加速其干燥散粉。将花粉过筛，除去花瓣、花药壳等杂物，收集在离心管内放在低温干燥处备用。

图4-2　蜜蜂或者角额壁蜂辅助授粉

人工点授宜在盛花期进行，以天气晴朗无风或微风的9:00～11:00为宜。苹果授粉首选结果位置合适、生长健壮的花序，只点授先开放的中心花（图4-3）。柱头新鲜、才开放的花朵授粉效果最好，因此一个果园的授粉应开一批授一批，连续授粉2～3次，每次间隔2～3天。

图4-3　人工点授

4. **机械授粉**　机械授粉所用器械有气囊式授粉器械和电动式授粉器械两种。

气囊式授粉器械是一种在气囊张力作用下，以气流吹动容器内花粉外喷的授粉辅助装置，具有授粉均匀、精度高、节约花粉等特点，能实现随时开花随时授粉，极大地节省了人力，而且操作简单，很容易推广。

电动式授粉器械由背负式电池作为动力，将花粉固定在电池上，通过管子和含花粉的天然羽毛轻触雌株，确保授粉，其特点是自动供给花粉到授粉毛，效率高，花粉无浪费，能确保授粉效果，轻便，使用简单，减轻疲劳等。

机械授粉生产投入比人工授粉大约节省75%。

5. 液体授粉 液体授粉是一种新型的高效授粉技术，能降低劳动成本，缩短劳动时间，且受天气因素影响比较小，在短暂的开花期便可完成作业且喷施均匀、快速、集中、准确、节省人工。

按照水5千克、蔗糖250克、尿素15克的比例配成营养液。喷雾前，每50千克营养液中加入30克花粉和50~150克硼砂（0.1%~0.3%）。注意，一定要在临喷前再加入花粉和硼砂，并用2~3层纱布滤出杂质。也可以购买商用细花粉。喷布时间为苹果全树60%的花朵开放时，于盛花初期、盛花末期各喷施1次最为适宜，配好的液体最好在2小时内用完，以免花粉胀裂，失去活力。为节约花粉最好用超低量喷雾器，可用小型或背负式喷雾器，喷力要柔和，不可过大过猛，更不可使用喷枪。具体时间：应在盛花期选择温度正常的好天气，9:00~16:00均可。气温在10℃以下或30℃以上喷粉效果差。花期整齐一致时，喷1次即可，若不整齐可喷2次。花粉长期不用，要包装密封好放在低温冷柜中存放。授粉悬浮液须随配随用，2小时内喷完为宜。

（二）疏花疏果技术

1. 疏花疏果的时期 从节约树体养分角度来说，晚疏果不如早疏果，疏果不如疏花，疏花不如疏蕾，疏蕾不如疏花序。所以，生产上开始形成疏花序、疏蕾、疏花、疏幼果4个步骤。近年来，在一些坐果率稳定可靠的地区，采取"以花定果"的措施，即一次疏除到位；而在花期天气不良、坐果不稳定的地区，提倡轻疏花，晚定果，最迟应在盛花后25天左右疏除完毕，最早应在花后10天开始疏幼果工作。

2. 疏花疏果的方法

（1）人工疏花。花量大的树，从花前复剪开始调整花量，花芽萌动时可疏除过密、过弱和发育不良的花，多保留果台副梢形成的花，多保留中长果枝上的花，以利于结出下垂高桩果。花序分离的2~3天内，在其果台副梢还未伸展时，摘除部分过密的花、串花芽及过密处中长果枝的幼嫩花序，可使后来萌生的果台副梢形成花芽，达到以花换花的目的（图4-4、图4-5）。

（2）人工定果。花后10天开始定果，最大限度减少树体的无效营养消耗。以地面以上30厘米树干面积确定留果量。如测得树干周为30厘米，则这棵树的留果量为30乘以常数4～5，则为120～150个果。弱树可下降10%的留果量，以利优质丰产。留果标准：留单果、留端正高桩果，不留果形不正的伤残果（图4-6、图4-7）；留下垂果，不留背上朝天果；多留壮枝果，全树均匀结果；一般果间距为20～30厘米，叶果比为50：1。

（3）化学疏花疏果。利用萘乙酸、6-苄氨基嘌呤（6-BA）、西维因等植物生长调节剂在花期或者幼果期喷施不同剂量，从而达到疏花疏果的目的。化学疏花疏果省工省力，便于机械化推广（图4-8、图4-9）。但是使用时要注意不同植物生长调节剂的使用剂量、使用时间和使用注意事项等。

图4-4　疏花前

图4-5　疏花后

图4-6　疏果前

图4-7　疏果后

图4-8 未经过化学疏果

图4-9 化学疏果后

苹果疏花疏果的原则

（1）选留中心果、果形端正的果；疏除边果、小果。

（2）留大果，疏小果，幼果大小与果实最终大小的相关性很高，幼果之间大小差一点，到成熟采收时就差很多。所以去小留大是第一原则。

（3）选留果台副梢强壮的果，疏除果台副梢弱小的果，对富士、秦冠等多数品种而言，果台副梢强壮必是大果，反之是小果。

（4）选留下垂果，疏除朝天果；选留果形端正的果，疏除畸形果，以及果柄过长过短的果、腋花芽果。

（5）对霜冻果、病虫果、萎缩果、表面受污染或机构损伤的幼果应及早疏除。

二、葡萄花果高效管理

（一）花序管理

1.花序疏除　根据不同品种、不同土壤条件，在确定产量的情况下，有计划地将花序控制在一定范围内，可以实现树体合理负载，促进优质生产。疏除时可将发育不良的花序去除（图4-10），为优质生产打基础。

图4-10 疏除发育不良的花序

花序的疏除时间一般在开花前。树势强、容易落花落果的品种（如巨峰）可选择在落花后1周左右（即第二次生理落果后）进行，以确保果穗选留数量。对于结果性能好的品种，在能分辨出花序的部位及大小时就可以进行疏除，以降低营养物质的消耗，原则上是越早越好；对于生长势较弱、不存在严重落花落果问题的品种（如红地球）应尽早疏除花序，以减少养分的损耗。

根据定产栽培的原则，花序的疏除是定穗前的一项工作，花序的选留数量应根据将来所留果穗的数量和栽培目标而定。在单枝上的两个花序中，一般下部花序发育较好，将来果穗较大，如单枝保留一个花序时，一般疏除上部的花序。

2.花序拉长 果穗紧凑、果粒着生紧密的品种，如夏黑无核，时常因为果粒之间过于紧密而使单个果实发育不良甚至因为过于拥挤而使果实表皮破裂并诱发其他病害。对此，生产上时常采取拉长花序的方法。花序拉长后果粒着生疏松度就会增加，果实个体发育就会良好。花序拉长一般选择在花序分离期，即在花序自然伸长之前进行，有的品种选择在开花前10～15天进行。葡萄花序拉长目前一般多使用20%赤霉酸可溶粉剂30 000～50 000倍液，喷施花序或将花序均匀浸蘸该溶液（图4-11），可拉长花序1/3左右（图4-12），减少疏果用工。

3.花序整形 花序整形一般与花序的疏除同时进行。无用花序疏除后，留下来的花序要进行整形，整形工作一般在开花前完成，也可以推迟到落花1周左右的生理落果后及时进行。

花序整形是为了使果穗能达到一定的形状，使果穗外观美丽，尽量大小一致、形状一致，实现提高果实商品性状、提高销售价格、创造优质品牌的目标。

图4-11　花序拉长处理　　　　　　图4-12　拉长与未拉长效果比较

此外，为配合果实套袋，对穗轴较短的品种，适当去除果穗基部的分穗等，以便于操作和减少果穗基部果实发生日灼的可能。

花序整形分以下几种：

（1）仅留穗尖式花序整形。仅留穗尖式花序整形是无核化栽培的常用整形方式。花序整形的适宜时期为开花前1周至始花期。一般原则：巨峰、先锋、京亚、翠峰等巨峰系品种留穗尖3.5～4.5厘米，8～10个小穗，50～60个花蕾。二倍体和三倍体品种，如魏可、白罗莎里奥、夏黑、阳光玫瑰等品种一般留穗尖5～6厘米（图4-13、图4-14）。可用整穗器修整花序（图4-15），也可用"捋穗法"修整花序（图4-16）。

图4-13　花序整形前　　　　　　图4-14　留穗尖5～6厘米

图4-15　用整穗器修整花序　　　图4-16　花前3天至始花期可采用"捋穗法"

（2）巨峰系有核栽培花序整形。巨峰系品种总体结实性较差，不进行花序整形容易出现果穗不整齐现象。具体操作时间为见花前3天至见花后3天。去除副穗及以下8～10个小穗，保留15～20个小穗，并去除穗尖（图4-17）。

（3）掐短过长分枝整穗法。夏黑、巨玫瑰、阳光玫瑰等品种常用此法。见花前2天至见花第3天，掐除花序肩部3～4条较长分枝的多余花蕾，留长1～1.5厘米即可，把花序整成圆柱形（图4-18）。花序长短此时不用整理。有副穗的花序，花序展开后及时摘去副穗。

（4）分枝型果穗品种（如红地球）的花序整形。最尖端进行部分去除，因为这部分花序开花较晚，且将来果粒较小，影响整个果穗的美观度，一般去除花序总长的1/5～1/4（图4-19）。

图4-17　巨峰系花序整理　　　图4-18　掐短花序过长分枝　　　图4-19　红地球花序整理

4.保花保果　有些品种如夏黑无核、巨峰等，落花落果严重，需要进行保果处理，无落花落果现象的品种不用进行此项操作。适宜的处理时期一般为开花末期至落花后3天，过晚处理时，已经自然落果，不能达到提高坐果率的目的。目前生产上多使用赤霉素，赤霉素使用浓度因品种而异，一般为5～50毫克/升。二倍体无核葡萄使用浓度一般为5～20毫克/升，如巨峰使用浓度一般为5～10毫克/升，三倍体夏黑葡萄使用浓度为25～50毫克/升，以微型喷雾器喷洒或蘸穗为主（图4-20）。如开花不整齐，需分批处理，分别于见花后第6、8、10天进行处理。药液中可混配异菌脲、乙蒜素、嘧菌酯等药剂防治灰霉病、穗轴褐枯病。

图4-20　保花保果处理

（二）果穗整理

果穗整理工作一般应在晴天进行，不能在雨水天气进行，因为果穗整理时造成的伤口如未及时愈合会有感染病菌的风险。要使每个果粒充分生长发育，必须保证每个果粒的营养供应充足，这就要保证每个果穗附近有一定的叶片数量，并且通过摘心、去副梢的方法确保叶片制造的营养物质能满足果实发育的需要。果粒之间也要保持一定空间以利于自身发育，对果粒着生紧密的品种要进行果粒疏除，以防止相互挤压造成裂果或影响果实着色。

1.疏果穗　幼果期进行疏果穗操作。首先将畸形果穗、带病果穗等失去商品价值的果穗进行疏除（图4-21）。其次是控制产量，根据销售目标，确定合理的产量，既能获得良好的经济收益，又能兼顾到长远发展的目标，每一个葡萄种植者都要根据自己果园的实际情况具体确立。通常生产精品果的葡萄园每亩保留的果穗数不超过2 200穗，生产大众果的葡萄园不超过3 500穗，每株树上5个新梢留4穗果。

2.剪穗尖　就一个果穗来说，一般以中部果实发育较好，果穗尖端果粒一般较小。生产上一般去除上部1～2个长度超过果穗总长1/2的副穗（花序整理时就应该去除）。没有来得及整理的花序，结果后果穗尖端部分由于果粒较小而影响果穗商品价值及美观度，对此一般去除果穗总长的1/5～1/4（图4-22）。

图4-21　疏去多余或发育不良的果穗　　　　图4-22　剪穗尖

3.修整果穗及疏果粒　对于果粒着生较为紧密的果穗，可疏除一部分小分穗，具体可根据紧密程度而定（图4-23、图4-24）。一般可每隔2个小分穗去除一个。就一个小分穗来说，小分穗尖端果粒相对较小，要适当疏除。根据确定的单穗留果目标，在小分穗数量已经确定的情况下，确定每个小分穗留果粒的数量，根据这一数量确定要保留小分穗的长度。

在进行上述整理后，留下来的果实如果还较为紧密，可以疏除单个果粒，以保持果粒之间的适当距离。此项工作通常较为费工，一般在高档果品生产时实施。疏除小果粒、病果粒等，使果穗单粒间生长发育达到大小一致，这是果穗整理的重要内容。

图4-23　疏果前　　　　　　　　　　　图4-24　疏果后

4.果实膨大　在果实快速生长期，有些品种（如夏黑、阳光玫瑰等）使用赤霉素等植物生长调节剂对促进果粒增大有显著效果（图4-25），不同葡萄品种对植物生长调节剂的反应不同，有的品种用植物生长调节剂处理后果粒增大效果明显，而有的则不明显。因此，在使用浓度上会有很大差异。

图4-25　夏黑膨大处理效果对比

赤霉素处理时，在二倍体无核品种上的使用浓度多为50～200毫克/升，在三倍体无核品种（如夏黑）上的使用浓度一般为25～75毫克/升，与第一次以坐果为目的的处理时间相隔10～15天。有核葡萄也是在生理落果后进行膨大处理，一般使用浓度为25毫克/升左右，目前在藤稔等品种上使用的较多。巨峰系品种由于种子一般为1～2粒，因此赤霉素处理效果较为显著，可以促进浆果膨大，但也容易发生脱粒、果柄增粗等不良现象，在以优质生产为目标时尽量不使用。

5.果实套袋　疏果结束后应及时喷药和套袋保护（图4-26）。套袋后果实病害发生率可明显降低，果实外观质量明显提高。此外，由于果袋对果穗进行保护，可有效延长果实采收期。

图4-26　果实套袋

（1）果袋的选择。目前果袋常用的型号有大、中、小3种（表4-1），用户应根据果穗的大小和形状选择适宜的果袋。

表4-1　果袋型号及适用范围

果袋型号	长（厘米）×宽（厘米）	适用范围［果穗大小，长（厘米）×宽（厘米）］
大	（38～40）×（28～30）	红地球、红宝石无核等［（24～26）×（18～21）］
中	（34～36）×（24～26）	阳光玫瑰、夏黑等［（20～22）×（17～19）］
小	（30～32）×（22～24）	巨峰、藤稔等［（15～17）×（13～14）］

以果袋质地分，有木浆纸袋（图4-27）、无纺布袋、复合纸袋、塑料袋（图4-28），目前常用的葡萄果袋主要是木浆纸袋。

图4-27　灰色、白色纯木浆纸袋

图4-28　塑料袋

纯木浆纸袋的纸张韧性较好，纸浆中加有石蜡或袋的外面涂有石蜡，以防止雨水冲刷，防病效果显著。

　　阳光玫瑰专用果袋，是纯木浆纸袋的一种，成本较高，遮光率高，果实成熟后着色一致，但成熟期较白色木浆纸袋推迟7天左右（图4-29、图4-30）。

　　（2）套袋前药剂处理。套袋前5～6天全园灌一次透水，增加土壤湿度。套袋前1～2天全园喷施1次杀菌剂，防治灰霉病、白腐病、炭疽病、黑痘病等，淋洗式喷或浸蘸果穗，做到穗穗喷到、粒粒见药（图4-31）。喷药结束后立即开始套袋。

　　（3）套袋方法。套袋前先将纸袋有扎丝（1捆100个袋）的一端浸入水中5.0～6.0厘米深，浸泡数秒钟，使上端纸袋湿润（图4-32），这样操作不仅使纸袋柔软，还容易将袋口扎紧。

图4-29　阳光玫瑰专用果袋

图4-30　套袋后的效果

图4-31　要做到粒粒见药

图4-32　果袋口浸湿

套袋时两手的大拇指和食指将有扎丝的一端撑开，将果穗套入纸袋内（图4-33），再将袋上端纸集聚，并将扎丝平行于袋口拉直，然后顺时针或逆时针将扎丝转一圈扎紧（图4-34、图4-35）。

图4-33 撑开果袋放入果穗　　图4-34 将袋上端纸集聚，　　图4-35 套袋后
　　　　　　　　　　　　　　　　扎丝转一圈扎紧

三、桃花果高效管理

（一）疏花疏果技术

桃树在进入盛果期后，往往容易形成大量花芽，导致坐果率高、负载量过大，进而影响桃果实的单果重和品质。因此，科学合理地进行疏花和疏果，控制负载量，是提高桃树产量和质量的重要措施之一。

1.疏花

（1）疏花原则。在桃树的疏花疏果中，应采用一些原则，如留大蕾、大花，疏掉小蕾、小花，留先开的花，疏掉后开的花，以及疏掉畸形花，保留正常花等（图4-36）。同时，还应该采用"三多三少"原则，即在树势的控制上，应当幼旺树少疏多留，老弱枝少留多疏；外围枝少

图4-36 疏花

留多疏，内膛枝少留多疏；壮枝多留少疏，弱枝少留多疏。这些原则的实施可以控制负载量，促进幼果发育，从而实现优质、高产、稳产和增效的目标。

（2）疏花时间及方法。桃树进行疏花时，需注意天气条件，若温度较高且天气晴朗，应尽早进行疏花；相反，若天气不好，则应延迟疏花时间。通常可在桃树花蕾期或花期的1～3周内进行疏花。然而，由于不同地区气候条件的不同，需要选择合适的疏花时间。

疏花时间应当根据天气状况灵活掌握。花蕾期疏花适合在花蕾开始露红、距离开花前4～5天进行，用手指轻拨去除花蕾。具体保留哪些部位的花蕾因不同品种、树势、枝条而异，如长果枝应疏掉前部和后部花蕾，保留中间的花蕾；而中、短果枝和花束状果枝则应保留前部花蕾，去除后部花蕾。双花芽节位只保留一个花蕾，要留果枝两侧或斜下侧花蕾，花蕾之间应保持一定距离。花期疏花应在大蕾期至盛花期进行，尤其适用于坐果率高的品种。此时，应该疏除枝条顶部和下部的花朵，保留枝条中部两侧的花朵，并在花后疏剪细弱的结果枝和过密的枝条，以调整花量。疏花量一般为总花量的1/3。

温馨提示

　　需要说明的是，近年来随着用工成本及倒春寒等自然灾害的逐步增加，实际生产中疏花技术应用较少，大部分果农更常采用疏果技术。

2. 疏果

（1）**疏果原则**。合理疏果应遵循以下3个原则：

①应根据不同的树形树势、成熟期、管理水平、栽培模式等，确定合适的负载量。

②应疏掉畸形果、小果、双果和三果，保留单果。

③应根据不同类型果枝和叶果比确定留果量，长果枝留3～4个果，中果枝留2～3个果，短果枝留1～2个果，花束状果枝留1个果或不留果，延长枝头和叉角之间的果则全部疏除。

（2）**疏果时间及方法**。生产中疏果常分两次进行，第一次疏果在花后2～3周进行（如果疏花，可以不进行第一次疏果）。第一次疏果的原则是"先里后外，先上后下"。首先疏除果枝基部的果实，接着疏除小果、病虫果、畸形果和并生果；然后疏除生长过密的果、朝天果、弱枝果和无叶果，选留果枝两侧、向下生长的果实。此次疏果后的留果量应为最后定果量的2～3倍。

第二次疏果也称为定果，一般在花后4～5周进行。确定定果量需要考虑树龄、树势、品种、负载量以及果实成熟期等因素。通常定果量应为确定负载量的1.2～1.3倍。对于树势偏弱的果树，可以适当减少定果量；对于中小型果品种，可以适当增加定果量。此外，可以根据叶果比确定定果量，一般小果型品种宜多留（叶果比30∶1），大果型品种宜少留 [叶果比（40～60）∶1]。

对长枝修剪的桃树，大果型品种果实间距为20～30厘米，中小果型品种果实间距为15～20厘米；对短枝修剪的桃树，要适当减小果实间距。不同树龄的桃树按照目标产量进行疏花疏果。一般露地栽培3年内的幼树，第2年最好疏除全部花果，促进树体营养生长，尽快扩大树冠；第3年留果量建议每亩约5 000个，4年以上丰产树以每亩留果量12 000个左右为宜。

桃树疏花疏果注意事项

（1）花果疏除时间越早，果实生长越好。

（2）开花期遇阴天、晚霜、寒流时，疏花疏果量要留有余地。

（3）人工疏花疏果费时费工，在劳动力紧缺和面积较大的果园应做好计划和安排，有条件的可摸索和完善化学疏花疏果的方法或使用疏花疏果机械。

（二）套袋技术

套袋是桃树栽培中的一种重要措施，可以为果实的生长发育提供相对稳定的微环境。套袋能够防止果实受到风雨、药剂和机械摩擦的伤害，从而使桃果实的果面光洁度和均一性得到显著提高，提高果实的商品性。在套袋前应做好果实清洗和花后喷药等防治病虫害的工作，以保证套袋后果实的健康生长。常用的套袋材料有纸袋、塑料袋、无纺布袋等，套袋材料可以根据不同的地域、气候、品种和栽培方式来确定。

1.果袋种类 桃果袋种类繁多，按照不同的划分标准，可对果袋进行分类。

（1）**按材质划分**。有纸袋、塑料袋、液膜袋、无纺布袋4种，纸袋又分为纯木浆纸袋、新闻纸袋和牛皮纸袋等。

（2）**按层数划分**。可分为单层袋、双层袋、三层袋3种。单层袋有白色、浅黄色、黄褐色、黄色条纹、灰褐色、黑色、橙色、杂色等，双层袋有外黄内黑、外黄内白、外灰内黑等。

（3）**按作用划分**。有防病袋、防虫袋、遮光袋、增色袋、混合袋5种。

（4）按透光性划分。有遮光袋、半透光袋和透光袋3种。

2.果袋的选择　桃生产上提倡使用木浆纸袋，这种纸袋具有较强的透气性、耐水性和耐日晒能力，野外长时间不变形、不破裂，同时具有绿色、无毒和无污染等特点。

在果实成熟期，套用单层纸袋可以改善果实颜色和品质，同时成本较低，具有推广的潜力。在选择单层纸袋时，需要根据不同品种的果实易着色性来选择合适的颜色，比如易着色的油桃品种和不易着色的桃品种适合使用浅色的单层纸袋，纯色品种白如玉可选用白色单层纸袋，红色中熟桃品种最好选用白色或浅黄色单层纸袋。

双层纸袋主要分为内外两层，内层为深色，外层为浅色，能够有效地保护果实免受风雨侵害、强光照射、害虫和病菌的侵袭，同时能够提高果实光泽度和色泽鲜艳度。不同品种适宜的果袋类型应根据栽培区进行相应的试验来确定，但总体来说，中熟和晚熟品种的果实套双层纸袋效果较佳。虽然双层纸袋成本较高，但由于其优异的保护效果，仍受到果农的青睐。

温馨提示

　　在我国南方桃产区，由于湿度较高、病虫害较严重，应该大力推广套袋技术以减少天气、病虫害对果实的危害。而在北方桃产区，病虫害相对较轻，应该重点在中晚熟品种上推广套袋技术，以提高果实质量和市场竞争力。

3.套袋时间　套袋时间对果实的生长发育和品质有重要影响。一般应在定果后（谢花后7周）立即进行，有桃蛀螟危害的桃园应在桃蛀螟产卵前进行。套袋时间应根据地区和品种的不同而有所调整，南京地区在5月上旬开始，石家庄地区在5月下旬开始，而北京地区在5月下旬或6月初开始。套袋过早易导致果柄折伤或落果，过晚则果实外观得不到有效改善。在套袋前喷一次杀虫、杀菌剂，干后立即进行套袋，套袋应选择晴天，避开高温、雾天，更不能在幼果表面有露水时套袋。不易落果的品种和盛果期的树先套袋，易发生落果的品种和幼树后套袋。

4.套袋顺序和方法　套袋时要与采果顺序相反，遵循先上后下，从内到外的顺序，避免人为碰掉已套袋果。选择发育良好、果形端正的果实，全园全树套袋，做到快套、不漏套。

套袋前一天将袋口向下堆放于室内潮湿的地面上，使之适当返潮、软化，保持柔韧，以利扎紧袋口。

（1）选定幼果，小心除去果面杂物。摘除影响套袋的叶片。

（2）先用左手托住果袋，右手拨开袋口，半握拳撑鼓袋体，使袋底两角的通气排水孔张开。

（3）用双手执袋口下2～3厘米处，袋口向上或向下套入果实，使果柄置于果袋上沿纵切口基部，使幼果悬空于果袋内中央，不可紧贴纸袋，以免造成灼伤。叶片和枝条不要装入袋内。

（4）将袋口左右横向折叠，把袋口侧边扎丝置于折叠后边，袋口应固定于结果枝上，注意不要将扎丝缠在果柄上。

（5）向纵切口一侧捏成V形夹住袋口，捏紧，避免害虫、雨水和药水进入果袋内。

（6）套袋时用力方向始终向上，尽量避免果袋碰伤幼果。

（7）拆袋。套单层浅色纸袋易着色的油桃品种和不易着色的桃品种，可带袋采收。套深色或黑色果袋的果实成熟前需进行拆袋，应根据果袋类型、桃品种特性、市场距离、采收适期等确定拆袋时间。拆袋过早过晚果实品质均不理想，影响商品价值。拆袋过早，果实着色浓而不艳，果面光洁度差，与不套袋果差别不大，拆袋过晚则果实着色不充分。

拆袋时间一般是深色遮光袋宜早，浅色透光袋宜迟；难着色品种宜早，易着色品种宜迟；套用深色遮光袋的果实大部褪绿时为拆袋适期。如易着色的油桃品种瑞光47宜采前4～5天拆袋，不易着色的桃品种宜采前7～11天拆袋，着色中等品种宜采前6～7天拆袋。拆袋宜在阴天或傍晚进行，使桃果免受阳光突然照射而发生日灼，也可在拆袋前数天先把纸袋底部撕开，使果实先接受散射光，再逐渐将袋体摘掉。为减少果肉内色素的产生而用于罐藏加工的桃果，可以带袋采收，采前不必拆袋。将遮挡果实受光的叶片摘掉，以使果实全面照光，着色均匀。果实成熟期间雨水集中的地区，裂果严重的品种也可不拆袋。梨小食心虫发生较重的地区，果实拆袋后，要尽早采收，否则如正遇上梨小食心虫产卵高峰期，还会有梨小食心虫的危害。

5. 套袋及拆袋后的桃园管理

（1）经常查袋。经常检查套袋果实的生长情况，注意观察果实的生长和病虫害情况，遇到问题时及时采取相应措施，发现破袋及时更换。

（2）加强肥水管理。桃园增加有机肥和复合肥的施用量，少施或尽量不施用化学肥料。果实膨大期、拆袋前应分别浇1次透水，以满足套袋果实对水分的需求和防止日灼。采前20天严格控制水分供应，保持较低的土壤湿度，抑制枝条旺长，增加果实干物质积累。同时，可以行间生草，以增加土壤有机质含量，改善土壤团粒结构，利于保持水土。套袋果园还应加大土杂肥的施入，同时施入硼砂和硫酸锌等微肥；追肥以氮肥为主，以促进果树前期生长发育。

（3）合理修剪和加强夏剪。套袋果园应采用合理的树体结构。调整结果枝组的数量和空间分布，解决风、光问题；主要回缩衰弱枝，疏除旺长枝，甩放结果枝，保持中庸树势。同时，桃树新梢生长较旺且生长量大，需加强夏季修剪，疏除背上枝、内膛徒长枝，控制新梢旺长，改善冠内光照，从而达到节省树体营养、减少病虫危害的目的。

（4）叶片管理。进行叶片管理，可进一步改善果实的光照条件，从而促进果实着色。通常使用以下3种方法：

①单叶摘除法。将遮挡果面的叶片从叶柄处摘除。摘叶时，左手扶住果枝，用右手大拇指和食指的指甲将叶柄从中部掐断，或用剪刀剪断，而不是将叶柄从芽体上撕下，以免损伤母枝的芽体。

②半叶剪除法。在采前摘叶操作时，有些肥大的功能叶仅前端半叶遮阴，如果将整个叶片摘除，树体营养损失较大，因此可采用半叶剪除的方法，剪掉直接遮挡果面的叶片前半部，以保留半叶的光合功能。

③转叶法。果实采收前将直接遮挡果面的叶片扭转到果实侧面或背面，使其不再遮挡果实，以达到果面均匀着色的目的。采前转叶保留了叶片，对树体光合作用的影响最小，宜在叶片密度较小的树冠区域应用。

（5）铺设反光膜。选择银色反光膜。顺行向整平树盘，拆袋后在树冠下两侧覆膜，使膜外缘与树冠外缘对齐，再将膜边多点压实。反光膜可增加地面反射光，促进果实全面着色。

四、梨花果高效管理

（一）促花措施

梨园为了早果丰产，须提早促花，使之形成足够的花芽，方可达到连年丰产的目的。常用方法有：

（1）当新梢长30厘米时，反复摘心，或在4月下旬新梢半木质化时采用撑扭技术。

（2）夏季将背上直立枝抹除，并对主枝上抽生的侧枝在半木质化时扭梢。

（3）在5～7月对不易成花的旺树采取适当多次环割和控水措施。

（4）喷一些促花的植物生长调节剂，如PPO、多效唑、调环酸钙等促花效果显著。

（二）液体授粉

1．配制梨授粉营养液 以黄原胶作为花粉分散剂，以蔗糖（白糖）作为主要渗透调节剂，再添加硼酸和硝酸钙两种促进花粉萌发的物质。适宜的花粉活力保存和萌发营养液为100千克水+13千克白糖+50克硝酸钙+10克硼酸+20克黄原胶，此用量可配40～80克花粉。

> **营养液的配制**
>
> 用5千克一直沸腾的开水溶解黄原胶，待冷却。用20千克热水溶解白糖，搅拌使其充分溶解。用小容器分别充分溶解硝酸钙、硼酸等。以上3种溶液倒入大容器再加75千克水，充分搅拌，配制成营养液待用。

2．花粉溶液的配制 用小容器装少量营养液，加入花粉后充分摇晃至花粉均匀地分散在营养液中。将花粉液加入喷雾器中，充分搅拌，进行喷雾授粉。随配随用。根据开花情况喷雾2～3次；花粉数量也根据开花量做相应调整。比较试验结果表明，达到最高坐果率的最适花粉浓度为0.8克/升，坐果率比自然授粉高10%～20%。

3.授粉方法 配好授粉液后，用普通压力式喷雾器、电动式静电喷雾器（图4-37）或无人机（图4-38）进行授粉。

图4-37　电动式静电喷雾器授粉　　图4-38　无人机液体授粉

（三）花期防霜冻

梨树开花早，花期多在晚霜前，极易受晚霜危害。梨花遭受霜冻后，雌花蕊变褐，干缩，开花而不能坐果，防霜冻的办法有以下几种：

1.花前灌水　能降低地温，延缓根系活动，推迟花期，减轻或避免晚霜危害。

2.树干涂白　花前涂白树干，可使树体温度上升缓慢，延迟花期3～5天，避免或减轻霜冻危害。

3.熏烟防霜　熏烟能减少土壤热量的辐射散发，起到保湿效果，同时烟粒能吸收湿气，使水汽凝成液体而放出热量，提高地温，减轻或避免霜害。花期应当关注当地的天气预报。当气温有可能降到 −2℃时就要防霜冻，常用的熏烟材料有锯末、秸秆、柴草、树叶等，分层交错堆放，中间插上引火物，以利点火出烟。熏烟前要组织好人力分片专人值班，在距地面1米处挂一个温度计，定时记载温度，若凌晨温度骤然降至0℃时就应点火熏烟，点火时统一号令同时进行，点火后要注意防止燃起火苗，尽量使其冒出浓烟，并注意不要灼伤树体枝干。也可利用防霜烟雾剂防霜，其配方常用的是硝酸铵20%～30%、锯末50%～60%、废柴油10%、细煤粉10%，硝酸铵、锯末、煤粉越细越好，按比例配好后，装入铁筒内，用时点燃，每亩用2～2.5千克，注意应放在上风向。

4.利用防霜机　最新研制的防霜机经生产应用防霜冻效果较好。

（四）保花保果

保花保果的根本措施是加强土肥水管理和病虫害防治，可使树体强健、养分充足，既能开花，又能结果；其次是进行人工授粉，可提高坐果率，而且在阴雨绵绵的天气下也能促进坐果，还可增大果实，提高品质，使果形整齐。人工授粉必须提前1～3天收集好授粉树的花粉，在梨开花初期进行人工点授，同时结合疏花疏蕾。以点授边花和先开放的花为主，每花序点授1～2朵花即可，但黄金梨以点授第2～3朵花为佳。

其他保花保果方法：①花期果园放蜂。②硼能促进花粉管的萌发与伸长，促进树体内糖分的运输，花期喷硼能提高梨树的坐果率。可于花开25%和75%时各喷1次0.3%～0.5%硼砂（酸）溶液＋0.3%～0.5%尿素。③喷施0.3%尿素＋0.2%硼砂＋15毫克/千克萘乙酸或0.004%芸苔素内酯水剂4 000倍液。④花后喷施0.3%磷酸二氢钾＋0.2%尿素液＋50毫克/千克GA_3（赤霉素）。

（五）疏花疏果

1. 疏花疏果原则

（1）节约营养。从节省养分的角度看，疏蕾比疏花好，疏花比疏果好，但实际操作中要视当年花量多少、树势强弱、天气好坏、授粉和坐果等情况而定。在花量大、树势强、天气好的情况下，可提早疏蕾疏花，最后定果。在花量小、树势不强、天气不好的情况下，只进行一次疏果。疏果在落花后一周开始，最迟在落花后一个月完成。

（2）看果形。果柄长而粗，幼果长形、萼端紧闭而突出的，易发育成大果，应保留，疏去圆形、萼片张开不突出的果实。

（3）看树势。壮树、壮枝多留果，满树花果的大年树应多疏重疏，并且早动手。弱枝弱序，可全枝全序疏除，留出空果台，留作下年结果。辅养枝多留果，骨干枝应少留果，骨干枝中部应多留果，前后部应少留果。一个枝组上部多留果，下部少留果。初结果树侧生枝、背下枝多留果，背上枝少留果；盛果期树背上枝多留果，背下枝少留果。

（4）看果台副梢。果台副梢上留果时，壮副梢全树花量不足时可留双果，中庸副梢或壮果台留单果，无副梢的弱果台可不留果。

（5）先上后下，先内后外。疏果时树冠上部、内膛部位先疏，然后树冠外围、下部再疏。树冠外围和上部生长势强，光照好，多留果；内膛和下部生长势弱，光照差，少留果。

（6）看品种。大果品种一般留单果，隔15～20厘米留1果，小果品种可留双果。花量在25%左右的小年树，适当少疏多留，少留空果台或在壮枝壮序上借枝留果。

2. 疏花

日韩梨花芽容易形成，易坐果。在花量多、花期天气好（晴天多）的年份可疏除过多的花芽和花朵，提高花的质量，从而提高坐果率。但有晚霜危害的地区以谢花后疏果较为稳妥。疏除量因树势、品种、肥水和授粉条件而定，旺树旺枝少疏多留，弱树弱枝多疏少留，先疏密集和弱花序，疏中心花，保留边花。疏花芽在萌芽期进行，每亩梨园平均留健壮花芽 15 000 个左右即可。疏花时间以花序伸出到初花为宜，一般结合人工授粉进行疏花，把没有点授的花朵全部疏掉（花期遇阴雨，以疏果为宜），每花序保留第1～2序位的花（边花），或先开放的1～2朵花。

3. 疏果

疏果可增加单果重，并提高果实品质，以落花后两周左右进行为宜。

一般结合套袋进行，每花序留1～2个果即可。首先疏去病虫果、畸形果，保留果形端正着生方位好的果。在果枝两侧每25～30厘米留1个果，下垂枝每35～40厘米留1个果，超过40厘米的地方可留双果，也可以带叶新梢为标准，即3～4个新梢留果1个或按叶果比（25～30）：1留果。一般大果品种留果少，小果品种留果多。如黄金梨，若按亩产2 000千克计算，则需留果8 000～10 000个，每株树留果25～30个，可确保收获6 000～7 000个果实。

（六）防止裂果和采前落果

主要方法：①果实套袋。②在5月上中旬施足磷、钾肥，并用杂草覆盖树盘，抗旱保墒并可防裂果。③不要一次性施过多速效氮肥，使果肉果皮发育均衡，以减少果实表皮因角质龟裂而形成的锈斑。同时少喷波尔多液，以减少锈果产生，并加强梨锈病的防治，预防或减轻锈斑。④采前1个月喷1次50毫克/千克GA$_3$或10～100毫克/千克萘乙酸，可有效防止采前落果。

（七）补钙

钙能促进果实增大和可溶性固形物含量增加。梨果实对钙的吸收以幼果期为主，一般在谢花后至谢花25天为吸收高峰期。果实套袋后对钙的吸收量显著下降，为了不使因套袋而降低品质和减轻单果重，在套袋前的幼果期（谢花后15～20天）必须喷1～2次钙肥，如氨基酸钙、翠康钙宝等，以满足梨果实生长发育对钙的需求。

（八）果实套袋

为了提高商品性，预防病虫危害果实，可采取套袋处理。如果要生产高档梨果，果实必须套袋。早熟品种套1次袋，根据果实大小，选用国产双层或单层含药的纸袋为好。于谢花后25天以内、果面果点形成之前，对果面喷一次广谱性杀菌剂和杀虫剂，药液干后及时套袋，当天喷药当天套完。中晚熟品种须套两次袋，第一次套膜袋或白色纸袋，在谢花后15天开始，方法同前，至谢花后20天前完成，20天后再套第二次袋，选用内黑外黄的双层纸袋。

双层纸袋在果实采收前一个月拆开外层纸袋，以利于果实感光。单层纸袋，在采果时取袋。在成熟前10～15天取袋能显著提高果实的可溶性固形物含量和糖含量，但外观欠佳。在南方梨区，由于梨果成熟时正值高温干旱的7～8月，若提前取袋虽能提高品质，但易使果面发生日灼而失去商品性，丧失经济价值，另外，还会引发山蜂危害梨果。所以在南方和日照强的部分北方地区，对套袋梨果仍以采果时取袋为佳，最好将果实运到收购或存放地点结合分级一并去袋。另外，套袋果比不套袋果提前3～10天成熟，且耐储性有所下降，若要储藏则必须适当早采。

温馨提示

生产上应因势利导，充分考虑利害关系。套袋措施不仅增加生产成本，还降低果实含糖量，使口感变差。

（九）绿皮梨果锈的预防

黄金梨、新世纪等绿皮梨品种，容易滋生果锈，为了控制和预防果锈的发生，提高其商品性，必须注意预防果锈。

预防果锈的主要方法

一是必须套两次袋。谢花15天后套第一次袋，选用透气膜袋或白色纸袋为佳，透气膜袋预防果锈的效果相当好，但套袋后果实品质有所下降。套袋时喷1次杀虫剂和杀菌剂的混合液（以杀灭果面病菌和害虫），药液干后立即套袋，当天喷药当天套完，最好一边喷药一边套袋或上午喷药下午套袋，于谢花后25天内套完，越早越好。20天后再套第二次袋，以内黑外黄或内红外黄的优质双层纸袋为宜。

二是不要一次性施过多速效氮肥。

三是在套袋前一定不能喷乳油农药和波尔多液等，以减少锈果产生。

四是加强梨锈病的防治。

（十）梨树秋花的预防措施

1. 秋花开放的原因 一般情况下，梨树都是春季开花，但也有特殊情况，如秋季开花。秋季开花常称为"二次开花"。二次开花是当年分化的花芽在当年秋季就开花，是一种不正常开花。这种现象通常是在花芽分化期由于天旱或病虫害等造成早期落叶，蒸腾作用大幅降低，加快花芽分化的进程，并促使花芽提前萌发而开秋花。秋花也常能受精结果，但季节已晚，温度不够，不能正常成熟或果实过小，无商品价值，并严重影响翌年产量，所以要注意预防。

2. 预防措施

(1)加强病虫害防治。确保叶片不早落，这是最主要的措施。尤其在7～8月，此时的气温非常适合黑斑病和螨类等病虫害蔓延，极易引起落叶。所以，此时要特别加强黑斑病和螨类的防治（持续防治到10月上旬），这是预防秋花的最重要措施，千万不能忽视。

(2)注意秋季抗旱。在7～9月用杂草及作物秸秆覆盖树盘保湿，连续干旱时，注意浇水抗旱，一般每3～5天浇水一次。

(3) 加强土壤管理。如进行深翻，增施有机肥，早施秋肥（9月施用），增强树势，以提高抗旱和抗病虫害的能力，从而达到保叶防秋花的目的。

五、柑橘花果高效管理

（一）促进花芽分化

形成花芽的基本条件是树体内积累足够的有机营养物质，树液浓度高，合成大量促进开花的激素，适宜的外界低温、干旱和光照条件。因此可根据树势采取相应的措施促进柑橘多开质量高的花。

①对生长衰弱树，要及时施足肥料，以供应氮、磷、钾、钙、镁等元素；修剪适当提早，要以重剪、短截为主，促生良好的春、秋梢。冬季喷营养液2～3次，促进树体健壮，使花、果逐年增多。

②对生长过旺的少花树，要控制氮肥，增施磷、钾肥；修剪可稍迟，以疏除为主，多疏大枝、大梢，夏季抹芽摘心，以抑制其营养生长，促使春、秋梢短壮；冬季喷0.2%磷酸二氢钾溶液3次左右；对部分强枝可于花芽生理分化期之前用快刀环割1～2圈，切断韧皮部，或用铁丝环扎，到翌年春季解除，以促使花芽形成。此外，冬季花芽分化期控制水分，使土壤干燥，或适量断根，以提高树液浓度，有利于花芽分化。

③对大小年结果明显的树，可按照一定的叶果比，在大年进行合理疏花疏果，促进小年多开花多结果。此外，可喷布植物生长调节剂，促进着花（图

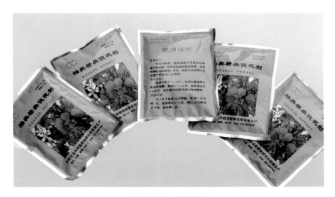

图4-39　促花剂

4-39)。据报道，9月中旬喷布2 000～4 000毫克/千克丁酰肼（比久，92%丁酰肼可溶粉剂），或喷1 000～2 000毫克/千克矮壮素（CCC），可促进温州蜜柑着花；6月上旬对温州蜜柑、10月中旬对椪柑喷布500～1 000毫克/千克多效唑能显著促进翌年成花。

（二）保花保果

1. 控梢保果

（1）人工疏梢。柑橘幼果发育期氮肥施用量大而且雨水多时，春、夏梢往往生长过旺。控制过旺枝梢生长，对防止或缓解梢果矛盾效果明显。在小年，春梢抽生较多，会加重落花落果，可疏去1/3～3/5的春梢营养枝，或在春梢展叶、长度2～4厘米时，留4～6片叶摘心。全部疏除在第二次生理落果结束前抽发的夏梢（图4-40），或仅留基部两片新叶进行摘心，控制夏梢对于防止本地早柑橘和脐橙等品种的落果十分重要。在生理落果期的6～7月，多次抹除夏梢新芽或留两片叶摘梢，到生理落果停止后统一放梢。放梢时间因品种而异，一般温州蜜柑、椪柑等在7月上旬，本地早在7月下旬，甜橙类在7月底至8月初。如果放梢时间过早，不利于稳果，而且会抽发晚秋梢，放梢过迟则养分损失过多，枝梢不充实，影响翌年高产。

（2）化学控梢。通过喷洒植物生长调节剂来控梢保果，同时要避免造成负面影响（图4-41）。如青鲜素抑梢效果良好，但会抑制果实发育，出现大量小

图4-40　人工疏梢　　　　　　　　　图4-41　化学控梢

型果，甚至变成僵果。用500～750毫克/千克调节膦在温州蜜柑夏梢萌发前后3～4天喷洒，能抑制夏梢萌发和枝条伸长，使节间缩短，但不能连用2年以上，否则会抑制过度。在夏梢发生初期，喷洒2 000～4 000毫克/千克矮壮素能使夏梢提早1周结束生长，减少夏梢的抽生，并抑制其伸长生长。目前比较常见的是在夏梢萌发前后3天左右，用500～1 000毫克/千克多效唑喷洒本地早、椪柑、甜橙等品种，可抑制夏梢的抽生和生长，使节间缩短，并有促进成花的作用。但是上述药剂处理还不能完全取代人工抹芽控梢。

2. **根外追肥**　对生长衰弱、营养不足或开花多的树，可通过叶面喷洒营养液的方法，迅速供给叶、花、果生长发育所需的养分，达到保果目的（图4-42）。自花蕾期或谢花期起，每隔10～15天，用0.3%～0.5%尿素或0.2%磷酸二氢钾水溶液喷1次，连喷2～3次，或两种溶液混合喷洒；也可用2%草木灰和1%过磷酸钙浸出液等叶面肥连喷2～3次。山地红黄壤橘园易缺硼，可在上述混合液中添加0.1%硼酸或0.1%硼砂，或花期单独喷0.1%～0.2%硼酸或0.1%～0.2%硼砂1～2次。滨海盐碱地橘园易缺锌和锰，可在尿素和磷酸二氢钾溶液中加0.2%硫酸锌或0.2%硫酸锰，或单独喷0.2%硫酸锌或0.2%硫酸锰溶液。

3. **生长调节剂**　用于保花保果的植物生长调节剂有赤霉素、细胞分裂素、2,4-滴、防落素等。

赤霉素是目前使用较多且效果较好的植物生长调节剂。特别对无核、少核品种如本地早、温州蜜柑、脐橙、普通甜橙等，保果效果明显。一般在谢花2/3

图4-42　根外追肥

或第一次生理落果末期，用50毫克/千克赤霉素溶液整株喷洒，隔半个月左右再喷1次；或用100～200毫克/千克赤霉素溶液涂幼果，能显著提高坐果率。

温馨提示

> 在进入果实膨大期后使用赤霉素或使用赤霉素次数太多，会使果实成熟期推迟、果皮增厚、风味下降；还会促进新梢节间伸长生长，抑制花芽分化。

细胞激动素防止第一次生理落果的效果显著，但不能防止第二次生理落果，而赤霉素却能显著地抑制第二次生理落果。所以在谢花后7天左右，用200～400毫克/千克细胞激动素加50～250毫克/千克赤霉素的混合液涂幼果1次，能有效地减轻生理落果，特别是对无核品种，增产幅度更大。

4.环剥、环割　环剥是用嫁接刀或特制的剥皮器在枝干周围以一定的间隔环切两圈，切断皮部，剥去其间树皮的作业。环割是在干或枝的周围割一圈或数圈，而不剥树皮的作业。其作用在于暂时截留营养物质到地上部，利于花芽分化或提高坐果率。

环剥适合于花量多而又不结果或少结果的健旺橘树，对象一般是结果性较差或结果不稳定的品种，如本地早、温州蜜柑的中晚熟品种、脐橙等。幼树不宜环剥。环剥时间在花谢2/3时，少花树略早，多花树稍迟。环剥选择全树1/3～1/2的副主枝或侧枝，用嫁接刀在离枝梢基部5～10厘米处割2条环形的圈，环剥宽度取决于枝条粗度，本地早蜜橘的环剥宽度和枝干直径比例是1：（13～14），脐橙类是1：（10～11）。刀口深度以切断皮层，不伤及木质部为宜，剥去皮层。如环剥不当，伤口过深或过宽的，要用薄膜包扎，保持湿度，加速伤口愈合。对环剥树加强肥水管理，因结果量增多，酌量增施肥料和根外追肥次数。

环割多在幼树上进行，在花谢2/3时割一次，过10天后再割一次。操作简单，效果也好。

5. 撑枝、拉枝、扭梢　撑枝、拉枝、扭梢的作用都在于开张角度、削弱顶端优势、缓和树势，以利于花芽分化和结果（图4-43）。拉枝是用绳或钢丝把直立枝拉开；撑枝是用棍棒把骨干枝撑开，其开张角度要大于45°，在冬季花芽分化期进行，经过一个生长季节待基角固定时，或在生理落果结束后，去掉棍棒或拉绳。扭梢是在花芽分化前，把生长旺盛的直立长梢，自基部3～5厘米处轻轻扭转成半圆状，使之下垂生长。

图4-43　撑枝（左）和拉枝（右）

（三）控花疏果

柑橘树花多，如一株叶数为3万片左右的温州蜜柑成年树，常年着生花1.5万～2.5万朵，在花多的年份往往有4万～5万朵。由于花多、幼果多，花果本身及其与树体营养体之间的养分和水分竞争很激烈，故落花落果多，树体储藏养分损失很大。多花树的落果常达90%以上，即使如此，留下的果数也应是优质果数的2～3倍，如果将它们尽数保留，则果实变小、品质下降，新梢和新叶的发生减少，同化养分也相应减少，并会加重大小年结果，导致树体早衰。适量着果，通过疏除过大果、过小果、病虫果、畸形果，保留合适大小的果实，增加叶果比，使果实膨大发育至最佳大小，实现每年连续生产优质橘果。同时，疏果使叶片中的无机盐和糖类含量、根系中的淀粉含量增高，使翌年着花增多，花期提早，还可使叶片的渗透压升高而增强抗寒能力，减少越冬落叶。疏果技术是一项简单易行的实用栽培措施，疏蕾、疏花、疏果的时期越早效果越好，有利于维持树势、克服大小年，达到丰产、稳产、优质的栽培目的，具有良好的经济效益。

1.控花 柑橘花量过大，会消耗树体大量养分，且结果过多又会使果实偏小，降低果品级别，并使翌年花量不足而形成小年。尤其红美人及柚类中的大果型品种和售价高的品种，需要采取控花措施（图4-44），使柑橘花量适度，花果质量提高。目前，在生产上主要是采用适当的修剪来控制花量，也有采用喷洒赤霉素等控花的。

图4-44 控花

（1）人工控花。可通过人工修剪，减少结果母枝的数量，减少结果枝，增加营养枝，使结果枝与营养枝之比变小。春季修剪，连枝带花疏去部分过密枝梢，使之通风透光，提高坐果率。对有叶结果枝过多的结果母枝，疏去（短截）部分有叶结果枝。6片叶以上的强壮春梢，常因其生长势强，不易形成结果母枝，可保留作为预备枝。在盛花期、谢花末期分别进行两次摇花，摇去畸形花、

图4-45 人工控花前

图4-46 人工控花后

图4-47 需要疏去多余的花

图4-48 幼树除花

授粉受精不良的幼果及花瓣，减少养分消耗。柑橘大年花量多，特别是无叶花多，因此翌年作为结果母枝的枝梢发生量少。在大果型的青岛温州蜜柑栽培中，需要对生长过旺的5片叶以上的新梢顶端的有叶花进行疏蕾（图4-45、图4-46）。通常在冬季修剪时要考虑是否需要控花的问题，对翌年可能花量过大的植株，修剪时应以短截、回缩为主，使之翌年抽发营养枝。花量较多时，在花期补剪，适量剪去花枝（图4-47、图4-48）。强枝适当多留花，弱枝少留或不留；有叶花多留，无叶花少留或不留；抹除畸形花、病虫花等。

（2）药剂控花。在柑橘花芽生理分化期，喷洒20～100毫克/千克赤霉素溶液1～3次，每隔20～30天喷洒1次，能抑制花芽的生理分化，明显减少花量，增加有叶花枝，减少无叶花枝，且效果稳定，是一些柑橘产区抑制大年花量的措施之一。但应用此法的技术难度较大，常难以恰如其分地控制合适的花量。至于对小年树、弱树，为加强其营养生长，不让其开花是较易办到的。

2.疏果　由于疏果的效果随疏果时期、疏果方法的不同而异，并且不同品种的果实品质因果实大小而有差异，所以要求灵活应用疏果技术（图4-49），实现优质稳产。

图4-49　疏果

（1）疏果时期与效果。开花期疏花蕾虽然花费人工多，但是不同枝条全疏花蕾，可高效确保预备枝，如对青岛温州蜜柑等品种进行有叶花疏蕾是很有效的。

早期疏果（7月至8月上中旬）有利于果实膨大、发芽发根；可有效防止隔年结果。后期疏果（早熟品种于8月中下旬，中晚熟品种于9月）有利于提高果实品质，促进翌年着花。此外，任何品种，后期（9月）疏果都可以有效提高含糖量，而且树上选果的效果很好，所以要充分进行疏果。疏果时期和疏果量随不同品种、着果量、树势而定。

（2）疏果方法与适用品种。全面均匀疏果，光合产物向果实积蓄的比率大，夏季疏果可促进果实膨大，秋季疏果有利于提高果实含糖量。如椪柑、杂柑（红美人、甘平等）、橙类、柚类等，以较大的果实品质与价格较好，因此早期疏果（6～7月）要采用均匀疏果的方法。

　　局部全疏果，可以抑制果实膨大，维持树势，减轻隔年结果现象。如早熟温州蜜柑、本地早等宽皮橘，因果实变大而品质下降，所以要采用局部全疏果的方法。温州蜜柑、本地早等品种，也适用交替轮换结果，结果大年生产出中小型果实，可高价销售，因此即使两年结果一次，经济效益仍可与连年均匀结果不相上下。

图解果树省力化优质高效栽培
TUJIE GUOSHU SHENGLIHUA YOUZHI GAOXIAO ZAIPEI

第五章 省力化土肥水管理

一、土壤管理

（一）重视土壤改良

果树生长通常对土壤的要求是有机质含量5%以上，团粒结构良好，土壤疏松，pH6.5~7.5，活土层50厘米以上，无盐碱，无任何重金属元素的污染。

长期以来，因为片面追求高产，大水漫灌、滥用化肥导致土壤团粒结构破坏，土壤板结，犁底层上移、加厚，活土层变薄，土壤保肥保水能力极差，土壤空气含量严重不足，进而导致果树根系呼吸受阻，各种厌氧菌诱使土传病害频发，肥料利用率下降至30%或更低，果树营养不足，树势衰弱，产量效益不断下滑。再加上滥用农药，土壤污染严重。因此，想要实现果园优质高效生产，在建园时对土壤进行改良势在必行。

栽植之初就要开沟深翻。沟深60~80厘米、宽1米。在沟底铺一层秸秆（图5-1），回填一层表土，上面再施入有机肥，即腐熟的畜禽粪便3~5米³/亩，与土壤搅拌均匀，再回填生土封沟，浇水沉实后栽植。以后每年在树行两边轮流深翻，用三四年时间将果园深翻1遍，保持土壤熟化、疏松。已栽植的新果园和老果园应在行间和株间交替开沟深翻60~80厘米，回填秸秆及有机肥，逐年熟化土壤。

（二）提倡行间生草，树下覆盖

1. 行间生草 果园生草是现代化果园生产管理的一项重要环节，也是目前世界果树生产强国普遍采用的果园土壤管理模式。果园生草可以增加土壤肥力，改善土壤理化性质，保持土壤墒情，调节果园小气候，减少虫害的发生，降低生产成本，提高果品质量，还可以美化果园环境。

图5-1 改良土壤

（1）自然生草。具有投资少、成坪快、适应性强、易于管护，以及植物群落丰富等优势，是果园生草的优先选择（图5-2）。果园杂草种类很多，在自然生草时要注意选留扩繁植株矮、根系浅、生长迅速且与果树没有共同病虫害的草种，清除和控制植株高大、根系过于发达、地上部木质化、有攀缘习性的恶性杂草如葎草、藜、苘麻等，以方便果园管理的各项作业，减少杂草对水分、养分的争夺。同时，尽可能采用肥水一体化技术，减少土壤耕作，一方面可以降低生产成本；另一方面也避免了对果园地表植被造成破坏。常见可利用的野生草种有紫花地丁、荠菜、二月蓝、附地菜、蒲公英、苦荬菜、夏至草、委陵菜、蛇莓、车前草、马齿苋、萹蓄、蟋蟀草等。待果园行间的草长到高度30厘米左右时，在距离地面5厘米左右处进行刈割，覆盖果园地面。

图5-2 行间自然生草

（2）人工种草。一般在8～9月降雨后，人工种植长毛野豌豆、鼠毛草、紫花苜蓿、高羊茅、黑麦草、白三叶等草种，按株间清耕覆盖、行间种草的管理制度及时抢墒种草，树盘下可覆盖生态防草布（图5-3）。人工生草条播或撒播，播种深度1～2厘米。幼苗期及时清除杂草，当草长到高度30厘米以上、大部分开花时，用割草机及时割倒，覆盖树盘，注意露出树干基部，不能影响果树下部通风。一年可刈割3～4次。

图5-3　行间人工种草，树盘下覆盖防草布

2.树下覆盖　树下覆盖是解决旱地果树缺水、有机质不足的有效途径，包括覆膜和覆草。

（1）**地膜覆盖**。果园地膜覆盖可以提高地温、防止水分蒸发，使膜下土壤水、气、热条件得以改善，有利于根系（尤其是吸收功能强的细根）生长，促进树体健壮，达到壮树稳产的目的，还具有减少或阻断地下越冬病虫上树的作用。地膜有不透明膜（图5-4）、光降解膜和银色反光膜（图5-5）等。覆膜一般在早春土壤化冻后进行，先整平树盘，浇一次水，追施一次速效肥料，然后盖上地膜，接茬和边缘处用土压实，其他地方点片压土，以防大风刮膜。覆膜宽度以树冠投影宽度为宜，覆膜尽量与地面密接，覆膜后一般不再耕锄和大量灌水。生产中一般多选用宽0.8～1.0米、厚0.03～0.05毫米的聚氯乙烯地膜。覆膜过多易造成土壤污染，因此，地膜不用时，必须清理和回收干净。

（2）**覆草**。就是在雨后利用作物秸秆、杂草、麦草（糠）等覆盖树盘或树行，厚度15～20厘米，起接纳降雨、防止水土流失、减少蒸发、增加土壤养

图5-4　树下覆盖不透明膜（防草布）

图5-5　树下铺设反光膜

图5-6　树下覆盖草帘

分、高温季节降低地面温度、维持地表温度相对平衡等作用（图5-6）。覆草应距树干30厘米以上，以防积水影响根颈透气。覆草后要用土压在草上，防止火灾。以后每年加铺覆盖物10厘米，连续覆盖3～4年后翻埋入土。覆草容易导致虫害和鼠害，使果树根系变浅。冬季较冷地区深秋覆一次草，可保护根系安全越冬。风大地区可零星在草上压土、石块、木棒等防止草被大风吹走。

温馨提示

　　覆草适用于山丘地、沙土地，土层薄的地块效果尤其明显，但黏土地覆草由于易使果园土壤积水，引起旺长或烂根，不宜进行。

（三）起垄（台）

起垄（图5-7）可以起到提高地温的作用，能增强土壤的透气性，促进果树根系生长发育，缓苗快，成形快。尤其是耕作层以下土壤黏重的地块，起垄种植效果更好。起垄能将土壤表面活土都集中到垄上，能使果树根系生长在肥沃的活土中，从而使根系营养充足，为果树优质丰产打下良好基础。起垄种植的垄沟可以积存部分雨水，如果雨量过大，也可通过垄沟将积水排出果园，减轻果树涝害。一般在土壤黏重或者南方雨水较多、排水不畅的地块可以起垄栽培。

起垄（台）前撒施充足土杂肥后浅松土，新建果园沿定植行线将行间的表土沿行向培成垄（台）后小坑栽植。垄为弧形，高20～50厘米，底宽1.5～2.0米；台为梯形，上宽80厘米，下宽1.5～2.0米，高50厘米左右。现有未起垄（台）的果园可在行间挖排水沟，挖出的土可铺在树冠下，逐年把平栽改为起垄（台）栽植。起垄（台）后提倡滴灌给水，沿每行铺设一条滴灌管，盖黑地膜防草。如果没有滴灌条件，可以靠近垄（台）边挖沟进行沟灌。秋季施土杂肥时将垄（台）挖开，按照常规施肥方法施入后再将垄（台）修整好即可。

图5-7　地面起垄

二、施肥管理

科学施肥，幼树以氮肥为主，成年树在施氮肥的同时，注意增施磷、钾肥。

（一）基肥

1.基肥的种类　基肥以有机肥为主。有机肥主要包括农家肥、生物菌肥、生物有机肥、豆饼、鱼腥肥等。另外，绿肥也是很好的有机肥料。目前生产上多推广施用羊粪，有条件的可配合生物菌肥施入。

2.基肥的施入时间　秋施基肥比冬、春好，早秋比晚秋好。基肥应提前到早、中熟品种采果后，晚熟品种采果前的9～10月施入，最迟在采完果后立即施入，效果最好。因为果实采收后至落叶前是果树有机营养的积累时期，这时地上部各器官已基本停止生长，而根系生长仍未停止，吸收强度虽小，但时期较长。

3.施肥量　幼龄园每亩施入优质腐熟农家肥2 000～3 000千克，或商品有机肥200～300千克，配施生物菌肥50～80千克；成龄园每亩施入优质腐熟农家肥3 000～6 000千克，或商品有机肥500～1 000千克，配施生物菌肥80～100千克。

4.施肥方法　顺行开沟施肥最为省力，树冠东西两侧隔年轮换开沟。施肥区域和范围以树冠垂直投影线内外30～40厘米为宜，深度以30～40厘米为宜。

（二）土壤追肥

追肥以速效性无机肥为主，一般每年进行3～5次。

1.苹果

（1）追肥时期。

①萌芽肥。以高氮型复合肥（$N:P_2O_5:K_2O$为1.5:1:1）为主。追肥量占全年的20%左右，幼龄园每亩追施高氮型复合肥20千克，成龄园每亩追施高氮型复合肥50～70千克。

②果实膨大期追肥。施肥量占全年的40%左右，幼龄园每亩追施复合肥（$N:P_2O_5:K_2O$为1:1:1）40千克，成龄园每亩追施高钾型复合肥（$N:P_2O_5:K_2O$为1:1:1.5）100～150千克。

③果实生长后期追肥。追肥量占全年的40%左右，幼龄园每亩追施高氮型复

合肥（N:P$_2$O$_5$:K$_2$O为1.5:1:1）50～100千克，成龄园每亩追施高氮型复合肥（N:P$_2$O$_5$:K$_2$O为1.5:1:1）100～150千克。结合秋施基肥一起施入。

（2）追肥方法。施肥量少时，可用播种机直接施入（图5-8）。施肥量多时，可挖30～40厘米施肥沟施入，施肥后及时覆土。

（3）叶面喷肥。可结合喷药一并进行。叶面喷施0.3%～0.5%高效水溶肥或者微量元素肥3～5次，每次每亩用量为200千克。

图5-8　播种机施萌芽肥

2. 葡萄

（1）追肥时期。

①催芽肥。葡萄萌芽开花需要消耗大量营养物质，但早春地温较低，吸收根发生不多，吸收能力较差，主要消耗树体储藏的养分，若树体养分含量不高，而此时氮肥等又供应不足，则将导致萌芽力降低，萌芽不整齐，新梢生长不良，花器发育不完善，落花落果严重等。所以萌芽前的追肥很重要。以追施速效氮肥为主，适当配施磷、钾肥，可以提高萌芽率，完善花芽分化，增大花序，壮梢扩叶，提高坐果率。一般每亩施磷酸二铵复合肥30千克、硫酸钾20千克。

②花前肥。葡萄开花前7～10天，花序开始拉长时，施花前肥，进一步促进花序发育，提高坐果率，通常每亩施磷酸二铵复合肥20千克、硫酸钾20千克。如果土壤肥水充足，树势强旺，此期追肥可免去；若新梢生长缓慢，负载量大，每亩再增施20千克尿素。对落花落果较重的巨峰系品种，花前一般不宜施用氮肥，每亩可单施磷酸二氢钾15千克。

③膨果肥。在谢花后，幼果大豆大小时追施膨果肥。幼果生长期是葡萄需肥的临界期，及时追肥不仅能促进幼果迅速生长，还对当年花芽分化、枝叶和根系生长有良好的促进作用，对提高葡萄的产量和品质亦有十分重要的作用。此次追肥宜氮、磷、钾肥配合施用，尤其要重视磷、钾肥的施用。施肥量每亩需高含量的氮磷钾三元复合肥30～40千克、硫酸钾10～20千克。

④转色肥。果实封穗后转色前的施肥以钾肥为主，可以提高着色率，促进果实含糖量增加和枝条正常老熟。每亩施硫酸钾20～30千克，加入高含量的氮磷钾三元复合肥10～15千克。

⑤采果肥。采果后施肥。葡萄采后正是植株营养积累的关键时期，而且根系进入年内第二次生长高峰，及时追施部分速效性肥料，并结合进行叶面喷肥，对恢复树势和增加储藏养分，提高植株越冬能力十分有利。具体标准为果实采收后每亩穴施40千克碳酸氢铵。

（2）追肥方法。成龄园距葡萄植株50～60厘米挖10～15厘米的浅沟，将肥料均匀撒于沟内，将沟填平。避免将肥料撒到土壤表面，简单的用水一冲了事，既造成肥料浪费，又发挥不了肥效。

对于采用膜下滴灌的葡萄园可以将肥料溶解到水中通过滴灌系统（图5-9）定点施肥，所以肥料的种类、施肥量和灌水量也需要相应地进行调整。通常按照单个肥料浓度0.1%～0.3%、总浓度不超过1%的标准进行追肥。

（3）叶面喷肥。葡萄叶面肥一般在开花前施用1～2次，以补充硼、锌

图5-9　葡萄园施肥罐

为主，以防止果实大小粒、落花落果为主；果实生长发育期补施2～3次，以促进果实的生长发育；果实采收后一般及时补施1次磷酸二氢钾，以恢复树体营养。

叶面肥的使用通常与田间喷药同时进行，为节省成本，一般混入病虫害防治药液中同时喷洒。

温馨提示

一般来说，农药与碱性物质混合使用会降低药效，在叶面肥与农药混用时，应了解所使用的叶面肥是否可以与所使用的农药混用。如田间喷药方便且生产急需时，也可单独使用叶面肥。因叶面肥所含有的有效成分不同、目的不同，其使用倍数也不尽相同，应根据使用说明严格掌握，防止产生危害。

3. 桃

（1）施肥原则。桃树正常生长结果需要氮、磷、钾、钙、镁、硫、铁、锰、硼、锌、铜、钼、氯、镍14种必需矿质元素与硅等有益元素。树龄不同，桃树的需肥特性不同。幼年和初果期树，易出现因氮素过多而徒长和延迟结果现象，要注意适当控制氮肥，适当增施磷肥促进根系发育，氮（N）、磷（P_2O_5）、钾（K_2O）可以按1∶1∶1的比例供应。盛果期桃需钾量显著增加，每生产桃果100千克约需吸收0.46千克氮(N)、0.29千克磷（P_2O_5）、0.74千克钾（K_2O），施肥时可以参考上述数据，并根据土壤分析、植株诊断与肥料的利用率确定施肥的数量与比例。

（2）叶面喷肥。全年4～5次，一般生长前期2次，以氮肥为主；后期2～3次，以磷、钾肥为主，可补施桃树生长发育所需的微量元素。常用肥料浓度：尿素0.2%～0.4%，硫酸铵0.4%～0.5%，磷酸二铵0.5%～1%，磷酸二氢钾0.3%～0.5%，过磷酸钙0.5%～1%，硫酸钾0.3%～0.4%，硫酸亚铁0.2%，硼酸0.1%，硫酸锌0.1%，草木灰浸出液10%～20%。最后一次叶面喷肥应在距果实采收期20天以前喷施。

（3）施肥量。确定桃树施肥量的方法很多，幼龄桃园可以根据树龄确定施肥量，定植后1～3年氮肥（N）施用量分别为每亩8千克、12千克、15千克，磷、钾肥施用量可以与氮肥相同。进入盛果期，在施足有机肥的基础上，每生产100千克桃果，需要补充化肥折合纯氮（N）0.6～0.8千克、磷（P_2O_5）0.3～0.4千克、钾（K_2O）0.7～0.9千克。例如：产量为3000千克的桃园需要补充尿素40～53千克、过磷酸钙75～100千克和硫酸钾35～45千克。在对某具体桃园确定施肥量时，还要根据土壤中养分含量状况、植株养分诊断结果以及施肥方法进行调整。

4. 梨

（1）幼树施肥。幼树施第一次肥一般在苗木定植成活发芽后，新梢长5厘米时进行，一般株施尿素10～15克。第1年每10～15天施肥1次，7月加施磷、钾肥以促进枝条成熟，8～9月不施肥，10月上旬施基肥，以有机肥为主，结合磷肥施用。第一、二次施肥可以进行浇施，以后则必须进行沟施。

第2～3年，结合整形及促花技术，植株会开花结果，密植园将有一定量，每年施肥4次即可。第一次于2月中旬发芽前施入，以氮肥为主，株施尿素50～100克；第二次于5月初以氮、磷、钾肥配合施用，可株施尿素100克、过磷酸钙100克、硫酸钾50克；第三次于 7 月初施用，株施过磷酸钙150克；第四次于 10 月初施基肥，株施过磷酸钙150克。

（2）成年树施肥。

①施肥时期。成年梨树年生长周期中，根系和枝梢生长、开花、果实发育及花芽分化都有一定的顺序性并相互制约。由依靠储藏养分生长过渡到新叶同化养分供应的转折时期（4～5月）以及果实发育和花芽分化的生殖时期（6～8月）是栽培管理上的关键时期，在确定施肥时期时应注意这些特点。每年施肥 3 次为宜，即 1 次基肥，2 次追肥，具体施肥时期和施肥量如下。

萌芽肥（春肥）：在 2 月中旬萌芽前施用，此次施肥主要是促进花器发育，提高坐果率，促进新梢生长。由于梨树大多以短果枝结果为主，短果枝一般在花后 15 天即停梢，如果春肥施用过迟则使枝梢生长过旺，不能及时停梢而影响果实肥大和花芽分化。此次施肥宜早不宜迟，以萌芽前 10～15 天施用为宜，以速效氮肥结合有机肥施用。速效氮肥占全年的25%左右，有机肥占全年的20%左右，可亩施尿素15千克。

壮果肥（夏肥）：在 5 月上中旬施用，此时正值梨树叶片大量形成期（亮叶期），且幼果开始膨大，并为 6～7 月果实迅速膨大和 6～8 月花芽分化提供足够的养分，施肥量较大，占全年的50%左右，以有机肥、氮肥、钾肥为主（钾肥全部施入）。一般亩施尿素 30 千克、硫酸钾 30 千克、沼液水 4 000 千克左右。中晚熟品种推迟在5月下旬至6月上旬施用。

基肥（秋肥）：基肥通常在采果后一次施用，一般在立秋后的 9 月下旬至 11月上旬，可结合扩穴改土一并进行。主要目的是增加和积累养分、提高花芽质量、提高树体越冬抗寒能力，为翌年丰产打下基础。以牲畜有机肥为主，盛果期一般亩施牲畜有机肥 4～7 米^3，加过磷酸钙 0.7 吨。如有沼液水，可每亩冲入沼液水 3 米^3。

②施肥方法。

基肥施用方法：梨的根系强大，分布较深远。幼树基肥应采用环状沟或扩穴放窝分层深施，沟宽 0.6～0.8 厘米，深 50～60 厘米，并轮换开沟，每年逐渐将果园全部深翻施肥一遍，即可引导根系深入扩展。成年的丰产园或密植园根系已布满全园，宜采取全园施肥，以使根系全面接触，提高肥效。经过 4～5年后，为更新根系，活化土壤，可分期分批进行深耕，适当切断部分老根进行根系更新。

追肥方法：追肥应根据肥料种类、性质，采用放射沟施、环状沟施或穴施，春季追肥深20～30厘米，施后及时覆土。壮果肥（5月），由于施肥量较大，化肥和有机肥混合，挖30～40厘米宽的沟穴施入。

根外追肥：一般可结合喷药一并进行，尤其是4～5月梨树由储藏养分到当年同化养分的转型时期，采用根外追肥，效果更明显。根外追肥常用浓度：尿素0.3%～0.5%，人尿5%，过磷酸钙1%～2%（浸出液），硼0.2%～0.5%，硫酸亚铁0.5%，锌0.3%～0.5%等。如果几种肥料共用，总浓度以不超过0.5%为宜。

5. 无花果

（1）无花果需肥特性。

①对各种肥料成分的吸收量。无花果植株以钙的吸收量为最多，对氮、钾肥的吸收量也较高，对磷的吸收量不高，N：Ca：K：P：Mg=1：1.43：0.9：0.3：0.3。

②养分吸收的季节性变化。7月为氮吸收高峰，新梢缓慢生长后，氮的吸收量逐渐下降。钾与钙的吸收量从果实开始采收至采收结束基本维持在高峰期吸收量的30%～50%，进入10月以后随着气温下降而迅速减少。对磷的吸收自早春至8月一直比较平稳，进入8月以后逐渐减少。果实内氮与钾的含量随果实的发育逐渐增加，进入成熟期的8月中旬以后，增加速度明显加快。特别是钾的含量，从8月中旬至10月中旬能增加1.5倍。果实中磷、钙、镁含量也都从8月中旬开始显著增加。

（2）无花果追肥技术。在无花果栽培中，追肥分为前期追肥（夏肥）和后期追肥（秋肥）。无花果施肥以适磷重氮、钾为原则。氮、磷、钾三要素的配合比例，幼龄树以1：0.5：0.7为好；成年树以1：0.75：1为宜。在具体应用时，施肥量可按目标产量每100千克果实需施氮（N）1.06千克、磷（P_2O_5）0.8千克、钾（K_2O）1.06千克计算。如果以每亩生产果实1 500千克为标准，大致每亩需氮（N）16千克、磷（P_2O_5）12千克、钾（K_2O）16千克。但由于各地土壤条件等差异比较大，施肥量和氮、磷、钾的施用比例，应结合当地实际情况确定。

①幼果膨大期。无花果植株前期生长量大，需肥量多。随着新梢伸长及连续不断地进行花序分化，无花果需肥量逐渐增加。5月下旬至7月中旬进入需肥高峰期，此时追肥对整个生长期起着关键作用，主要是解决新梢伸长、果实发育与树体储藏养分转换期间的养分供求矛盾。

②果实采摘期。7月下旬果实开始成熟，一直采收到10月下旬，采收期长达3

个月。在此期间，树势强健，养分充足，成熟果就大，产量高。如果未及时追肥，养分不足，新梢细弱，果实膨大就差，树势早衰。因此，适时适量追肥，既能促进果实膨大，增加后期产量，提高品质，又有利于新梢生长充实和树体积累养分。

③储藏养分期。9月上旬，秋根开始生长，10月果实采收量减少，进入储藏养分积累期。10月下旬进行后期追肥（秋肥）也很重要，此时为秋根生长发育旺盛时期，追肥有利于恢复树势，增强叶片同化功能，增加养分储藏。施用时期不宜过早，防止引起秋梢二次伸长，反而消耗养分；也不能过迟，施用晚，秋根生长缓慢，储藏养分积累也少。

> **温馨提示**
>
> 　　值得注意的是，新梢生长旺、副梢发生多的无花果树和一年生幼树，抗寒性弱，容易出现冻害，后期不需追肥。

6. 柑橘　常规施肥管理应根据柑橘的养分需求规律、橘园土壤供肥特征、树龄、树势、产量、肥料性质及气候条件等进行综合考虑。一般情况下，根据土壤肥力的高低适当调整施肥量，柑橘萌芽期追肥以氮肥为主，磷、钾肥为辅；果实膨大期以氮、钾肥为主，磷肥为辅。同时，注意在酸性土壤地区补充钙、镁、硼等中微量元素，石灰性土壤补充锌、锰、铁、镁等中微量元素。

（1）施肥量。

幼龄树（1～3年树龄）：以氮肥为主，单株年施氮（N）量为100～300克，氮、磷、钾以1∶0.3∶0.6为宜，施肥量随树龄逐年增加。

结果树（≥4年树龄）：前期宜采用高氮低磷中钾配方肥料，结果后期宜采用中氮低磷高钾配方肥料。每产果1 000千克施纯氮（N）6～8千克，氮、磷、钾以1∶0.6∶0.8为宜。

（2）施肥方法。以土壤施肥为基础，配合喷施叶面肥。土壤施肥可采用放射状沟施、环状沟施、条沟施、穴施等方法，建议幼树基肥采用放射状沟施，大树沿树冠滴水线外侧开沟施入，沟深度30厘米、宽度25厘米，有条件的橘园，追肥采用喷灌、滴灌或水肥一体化方式随水施入。

（3）施肥技术。

基肥（采果肥）：在果实采后施用，每次每亩施用有机肥2 000～3 000千克或生物有机肥300～500千克，配合施用平衡性复合肥0～35千克。有机肥料应符合NY/T 525的要求，结合深翻，沿树冠滴水线进行环状沟施或穴施。

追肥：根据基肥的施用种类和施用数量推荐追肥的养分施用总量。根据土壤特点、温度条件和柑橘长势确定追肥时期。萌芽期追肥一般以氮肥为主，磷、钾肥为辅；幼果期、果实膨大期以氮、钾肥为主，磷肥为辅。目标产量为每亩2 000千克的橘园，每亩氮（N）、磷（P_2O_5）、钾（K_2O）用量分别约为20千克、12千克和18千克。条件允许的橘园可采用微灌和水肥一体化系统进行追肥，并适当添加钙、镁、硼等中微量营养元素。

萌芽肥（3月中下旬至5月上中旬）：建议每亩施用高氮型水溶肥（如N：P_2O_5：K_2O为1：0.3：0.7）6～8千克，间隔5～7天一次，共2～3次，滴灌施肥浓度控制在0.1%～0.2%，每次用水量2～3米^3。

幼果期施肥（6～7月）：每亩施用平衡型水溶肥(如N：P_2O_5：K_2O为1：0.5：3.0)10～15千克，共施用1次。

果实膨大期施肥（8～9月）：施用高钾型水溶肥(如N：P_2O_5：K_2O为1：0.5：3.0)20～25千克，间隔5～7天一次，共2～3次，滴灌施肥浓度控制在0.1%～0.2%，每次用水量2～3米^3。

三、水分管理

（一）需水时期

按照果树的生长发育期，每年分4次灌水，即春季萌芽期灌水，开花前后灌水，幼果膨大期灌水，后期结合秋施基肥灌水或土壤封冻前灌水。

1. **萌芽期** 春季果树萌芽抽梢，孕育花蕾，需水量较多。此时常有春旱发生，及时灌水，可促进春梢生长，增大叶片，提高开花势，还能不同程度地延迟物候期，减轻春寒和晚霜的危害。但灌水时期不能太早，否则效果不明显。

2. **花期前后** 土壤过干会使花期提前，而且集中到来，开花势弱，坐果率低。因此，花期前适量灌溉，使花期有良好的土壤水分，能明显提高坐果率。但花期前土壤水分状况较好时，不宜浇灌，否则，会使新梢旺长而影响坐果。落花后浇水，有助于细胞分裂，可减少落果、促进新梢生长和花芽形成。由于此时正值需水临界期，灌水量可稍大一些。

3. **幼果膨大期** 此期若水分供应不足，常导致果实偏小。如能及时灌水，可增大果个，提高产量。但灌水过多会降低果实品质。

4. 后期灌水　结合秋施基肥进行，可促进有机肥腐烂分解，有利于断根再生。土壤封冻前，灌足冻水，可防止果树抽条和保证春季果树旺盛生长。

（二）合理灌溉

1. 果园浇水不能盲目　果园含水量保持在70%左右，果树就能够健康茁壮地生长，也就是说，地表下20厘米的土层，土壤手握可以成团，落地可以散开，说明果园墒情好，不缺水。

2. 果园一年需要两次大水漫灌　一是入冬，二是开春。入冬（小雪）大水漫灌，包括树盘都需要浇遍，叫作"封冻水"，目的是在果园里面形成一层冻土，防止冷空气对果树根系的伤害。开春（雨水）大水漫灌，只能在树盘外围的两行树中间浇透，叫作"萌芽水"，目的是推迟开花时间，预防倒春寒，更重要的是延长营养储藏时间，促进不稳定气温对营养的消耗，从而提高果树枝叶的质量。

> **温馨提示**
>
> 除两次大水漫灌外，在果树的地上部分生长阶段都需要控水，决不能大水漫灌，特别是遇高温天气和果实膨大期。

3. 根据需水期进行浇水　不浇空水。除两次大水漫灌外，任何时候浇水都不能浇空水，要依据果树的生长习性，在不同时期加不同营养元素，因为水是以分子态形式存在，在果树生长阶段，水通过果树的导管、气孔进行运转和蒸腾，在运转和蒸腾的过程中容易引起果树枝条虚旺徒长、果实水裂和日灼，所以不能浇空水。

（三）节水灌溉

1. 提倡滴灌　滴灌（图5-10）节约用水、用电、用工，可以提高水分利用率和劳动效率；减少养分流失，提高肥料利用率；降低湿度，减少病虫害发生；减少土壤板结，改善果树品质；精准灌溉，提高果树产量和品质。

2. 提倡水肥一体化　有条件的果园，提倡水肥一体化（图5-11），省水、省肥、省药、省工，降低生产成本，提高果树产量、品质，提高生产效益。

图5-10 果园滴灌

图5-11 水肥一体化系统

图 解 果 树 省 力 化 优 质 高 效 栽 培

TUJIE GUOSHU SHENGLIHUA YOUZHI GAOXIAO ZAIPEI

—— 第六章 —— 病虫害绿色防控

一、苹果病虫害绿色防控

主要病害

苹果轮纹病

（1）症状。苹果轮纹病主要危害枝干和果实。枝干染病，多以皮孔为中心，先出现暗红色水渍状小斑点，后逐渐扩大变硬，中心隆起形成病瘤，经2~3年边缘龟裂，当病瘤多时，连成一片形成粗皮，严重时枝条极度衰弱，以至死亡。果实染病，前期无症状，近成熟期开始，以皮孔为中心，先出现水渍状斑点，周围红色，后斑

图6-1　苹果轮纹病果实症状

点迅速扩展，呈淡褐色同心轮纹。在适宜条件下，数天内可使全果腐烂，轮纹病斑呈湿腐状，不下陷（图6-1）。

（2）防治方法。

① 加强植物检疫。严格执行检疫制度，谨防带病苗木、接穗和果实从病区传入无病区。

②选育抗病品种，不同的品种抗病性差异很大。

③加强栽培管理，增施磷、钾肥，使树体生长充实健壮，提高抗病力。

④清除病源，秋末冬初彻底清除落叶、病果，集中烧毁或深埋。喷1∶1∶100波尔多液，杀死病叶内的子囊孢子。

⑤化学防治。从落花后7～10天开始喷杀菌剂，10天左右喷一次，连喷2～3次，套袋果在套袋前5～7天再喷一次。有效药剂可选用70%甲基硫菌灵可湿性粉剂1 000～1 200倍液，或50%多菌灵可湿性粉剂600～800倍液。

苹果炭疽病

（1）症状。苹果炭疽病可危害果实、果枝，以果实受害为重。果实感病，果面先出现褐色小斑点，扩展后呈褐色病斑，颜色较轮纹病病斑深，并稍有下陷，当病斑直径扩展到1～2厘米时，中央轮生小黑点，即病菌分生孢子器（图6-2）。黑色点粒突破表皮以后，遇天气潮湿时涌出粉红色的黏液，即分生孢子团。果台枝发病呈深褐色，由上向下蔓延，可引起小枝干枯。

图6-2　苹果炭疽病果实症状

（2）防治方法。

①加强栽培管理，合理修剪，保持通风透光，提高树体抗病力。

②清除越冬病源，冬剪时注意把干枯枝、干果台、干僵果剪除，集中深埋。

③喷药防治，可结合防治轮纹病进行。5～6月发病前开始喷药预防，尤其注重5月的预防工作。药剂可选用10%苯醚甲环唑水分散粒剂1 500～2 000倍液，或80%代森锰锌可湿性粉剂800倍液，或70%甲基硫菌灵可湿性粉剂800倍液，或1∶（2～3）∶200波尔多液等，交替轮换使用。

苹果霉心病

（1）症状。苹果霉心病从果心开始发病，严重时幼果期大量落果，在第二次生理落果后，仍有一些果脱落。另外，在采收前也加重采前落果。外面见不到病状，剖开果实可见果心变褐，长有褐色霉状物，储藏期果实从里向外腐烂（图6-3）。

图6-3　苹果霉心病症状

（2）防治方法。

①搞好果园卫生，特别是花期卫生；随时摘除病果，搜集落果，带出果园，集中深埋或烧毁；秋季翻耕土壤，冬季剪去树上各种僵果、枯枝等，开花前彻底清除修剪的枝梢、落叶等枯死组织，以减少菌源。

②增施有机肥，避免单施氮肥，培养健壮树体，保持中庸树势。

③秋季剪除背上枝，使果园通风透光良好，控制挂果量，节约树体养分，提高抗病性。

④储藏期调整好库温，气调库调节好气体成分。

⑤适期喷药防治。花后喷施吡唑醚菌酯结合多抗霉素防治霉心病和白粉病。

苹果花脸病

（1）症状。主要表现在果实上。着色前果实无明显变化，着色后出现明显症状。果面散生许多不着色近圆形的黄绿色斑块，致使果面呈红、绿相间的花脸状（图6-4）。病果着色部分稍凸起，病斑部分稍凹陷，果面略显凹凸不平。富士系和嘎拉系发病较多。

（2）防治方法。

①新建果园尽量选择科研单位生产的脱毒苗木，建立健全无病毒苗木繁育体系，高接换种时保证在不带病的母树上采集接穗，砧木苗采用种子繁殖，避免

图6-4　苹果花脸病症状

用根蘖繁殖。

②病害严重的建议彻底刨除病株，防止传染，以保持其他果树不受侵害。

③对花脸病树实施隔离，在生长期应做好标记，灌水、修剪、施肥等作业要单独进行。浇水方法改为树冠方块状浇水，禁止顺行浇水，可以有效减缓该病扩散速度。

④有花脸病树时须备两套工具。修剪、嫁接、环割时健康树和病树分别用不同的工具，以防传染病毒。花脸病树每次修剪后要进行工具消毒，用过氧乙酸、石硫合剂消毒或开水烫均可。

⑤对花脸病发生严重的树增施肥料。可于春季2月20日、秋季9月10日前后增施生物菌肥和有机肥。

⑥大力推行全营养施肥技术，强壮树体，提高果树抗旱、抗寒、抗病、抗虫能力。凡能够在中熟品种采收后、晚熟品种红富士采收前，即8月中下旬至9月上中旬及时施入基肥的果园，花脸果相对较少。

⑦合理负载。合理负载可以解决大小年结果现象，果实商品率高。

⑧正确防范，压缩传播空间。病毒性病害目前还不能根治，应以抑制或钝化病毒为主要目的而采取管理措施。锌肥有钝化病毒的作用，可适时适量施用锌肥，另外，及时消灭蚜虫等传毒害虫，可减轻花脸病传播。

⑨远离梨园。梨树也可携带花脸病毒，最好使苹果园远离梨园，以避免外来病毒传染。

苹果白粉病

（1）症状。受害的休眠芽茸毛稀少，呈灰褐色，萌发推迟，发病严重时未萌发就已枯死。病芽萌发后生长缓慢，新叶皱缩畸形，叶背出现白粉层，随着枝叶生长白粉层蔓延到叶面和嫩梢（图6-5），导致生长受抑制，节间缩短，叶片呈狭长状、边缘上卷，或叶片凹凸不平，初期表面被覆白色粉状物，后期变为褐色，且仅顶端残留几片新叶。受害花器出现畸形，无法坐果，不能开放。初夏后病部的白粉层变

图6-5　苹果白粉病叶片症状

为褐色并逐渐脱落，在叶背部位出现聚集的小黑点。

（2）防治方法。

①选用抗病品种。在流行病害经常发生的地区，建园时尽量选用抗病品种，提高抗病性。

②加强田间管理。合理密植，合理施肥灌溉，及时疏剪过密枝条，增强树冠通风透光性，提高果树抗病力。

③冬季清园。尽量扫除发病果树的落叶、落果，清除杂草，集中烧毁，有病斑的要及时刮除，并对刮除的地方喷涂石硫合剂，摘除病叶，剪除病梢。

④休眠期修剪。休眠期修剪应注意去除发病芽，发病严重的果树要进行重剪，以降低带菌量。

⑤萌芽后修剪。早春萌芽后至开花前，将已发病的病叶丛及早去除。修剪工作需进行2～3次，尽量减少病菌侵染源。

⑥生长期喷药。病害防治的关键时期为春季，尽量在发病初期控制住病情。可喷施12.5%腈菌唑乳油2 000倍液，或5%己唑醇悬浮剂1 000倍液，或250克/升吡唑醚菌酯乳油2000倍液。喷药时间分别在花前、70%落花以及花后10天，之后根据病情实况酌情喷施。苗期发病在发病初期喷药2～3次。

苹果花叶病

（1）症状。病毒性病害，主要靠嫁接传播。发病叶片为黄白相间的花叶（图6-6），轻者花叶上只出现少量黄色斑点，有的病叶叶脉变色，形成黄色网状，重者叶片提前脱落，树势衰弱，果实小，果实风味变淡，产量低，不耐储藏。

（2）防治方法。严格选择无病毒砧木和接穗是防病的有效措施。及时淘汰感病未结果的幼树，已结果的大树应加强管理，提高抗病能力。

图6-6　苹果花叶病症状

苹果早期落叶病

（1）症状。苹果早期落叶病是几种病害的总称，目前危害严重的是褐斑病和斑点落叶病。

褐斑病：主要危害叶片，也可危害果实、叶柄。叶片发病先出现褐色小点，散生或数个连生呈不规则褐斑，但病斑的边缘保持深绿色。

斑点落叶病：可危害叶片、果实和叶柄。主要在嫩

图6-7　苹果斑点落叶病症状

叶期危害，叶片染病，先出现褐色小斑，病斑扩展到5～6毫米后不再增大，病斑红褐色，边缘紫褐色，中央具一深色小点（图6-7）。空气潮湿时，病斑背面有黑色或黑绿色霉状物。后期病斑被黑斑病再次寄生，呈黑褐色至灰白色。叶柄受害产生长椭圆形凹陷病斑，易脱落。果实受害，先产生褐色小点，周围有红晕，病斑扩展至2～5毫米后不再增大，病斑稍凹陷。

（2）防治方法。

①清理果园。初冬果树落叶后和早春修剪结束后，及时彻底清除果园中的枯枝、落叶，并带出果园集中烧毁。果树发芽前翻耕果园土壤，促使残碎病叶腐烂分解，铲除病菌越冬场所。

②加强栽培管理，增强树势。合理整形，科学修剪，改造密闭果园，改善果园通风透光条件。加强肥水管理，多施有机肥，增施磷、钾肥。合理负载，增强树势，提高树体抗病能力。雨后及时排水，划锄，降低湿度，提高根系土壤的透气性；地面湿度过大时，可在地面撒施草木灰，起到吸湿的作用，从而减轻病害发生。

③适时药剂防治。早期落叶病都具有潜伏期，药剂防治要体现一个"早"字，坚持"预防前期、治疗中期、控制后期"的方针，以及"雨早早喷、雨多多喷、无雨定期喷药"的原则。发芽前喷施3～5波美度石硫合剂，消灭越冬菌源；5月上中旬可喷施50%异菌脲可湿性粉剂1 500倍液，或50%甲基硫菌灵可湿性粉剂1 000倍液等治疗性杀菌剂。

苹果腐烂病

（1）症状。此病可发生在主干、大枝及锯口处，症状分为腐烂型和干枯型。腐烂型初期病斑红褐色，水渍状，稍隆起，组织松软，用手压即下陷，并有黄色汁液流出，有浓厚的酒糟气味。老病斑稍凹陷，呈黑褐色，其上产生小黑点，当遇潮湿天气时，长出黄色丝状孢子角，以此进行传染。干枯型多发生在小枝上和锯口处，不呈水渍状，边缘不明显。腐烂病扩展到树干或大枝一周时，病部以上即全部死亡（图6-8）。

图6-8　苹果腐烂病症状

（2）防治方法。

①加强土肥水和树体管理。注意氮、磷、钾肥的配合施用，增施有机肥，配合果园生草全面提高土壤肥力。注重果实膨大期的两次灌水，以保证水分供应充足。合理进行果树修剪，以疏枝和拉枝为主要措施，改善果园通风光照条件和果园小气候，避免过量修剪造成大面积伤口，降低感染病原的概率。

②合理负载。根据树龄合理负载，加强疏花疏果，严防大小年出现而造成树势不均并逐渐衰弱。

③做好清理工作。及时将果园剪下来的残枝、枯枝、病枝和清园后的落叶带出并远离果园，深埋或者销毁，可有效降低病虫害发生的基数。

④及时刮除病斑。春季果园大量出现病斑时，选择晴天及时刮除，深度以达到木质部即可。

⑤科学用药防治。发芽前和6～7月的旺盛生长期，喷施过氧乙酸或辛菌胺进行预防；做好刀剪锯口的伤口处理工作。整形修剪造成的伤口可涂抹愈合剂；发病部位进行药剂处理。刮除病斑后，及时用甲基硫菌灵膏剂进行涂抹，隔周最少再涂抹一次，并进行一次全面喷药杀菌。

苹果干腐病

（1）症状。幼树发病多在嫁接部位出现暗褐色病斑，沿树干向上扩展，病斑上密生突起的小黑点，严重时幼树干枯死亡。大树多发生在主枝和侧枝上，被害部位初生褐色小斑，表面湿润，有黏液流出，病斑扩大呈紫褐色或黑褐色，以后病部逐渐干枯凹陷，与健部交界处裂开（图6-9）。病斑上密生小黑点。干腐病也可侵染果实，果实发病症状和轮纹病相同，可引起全果腐烂，只有通过培养才能区分两种病菌。

图6-9　苹果干腐病症状

（2）防治方法。

①加强栽培管理，增强树势，防止受冻。地下管理要增施基肥（有机肥），适期追肥，注意水分供应，提高土壤肥力，促进养分的平衡吸收，确保树体发育健壮。地上管理要做好"五控一喷"：控制过度环剥，防止树势衰弱；控制留果数量，均衡营养生长与生殖生长；控制果园郁闭度，改善通风透光条件；控制早期落叶，提高树体营养水平；控制后期贪青徒长，增强树体抗病和抗寒能力；生长季喷药时树干必须保证喷到。

②刮治和涂药。苹果干腐病发病初期的病斑主要局限于枝干树皮的表层。果园发现病斑时应尽早刮治，一般只需刮净上层病皮即可。5～8月用锋利刮刀将树干干腐病皮表层刮去，一般要刮去1毫米厚，到露出白绿色健皮为止。刮治时一定要刮净，树皮下没有烂透的，可只刮表皮病层；病变较深的，木质部以上病皮都要刮净。对枝杈等树皮较薄部位要细心刮，防止刮透树皮。将刮掉的病残体收集起来，集中深埋或烧毁，清除病源。在刮除主干、主枝上病组织及粗皮基础上，对树干喷涂具有渗透性并且残效期长的杀菌剂，杀灭树皮上潜伏的病菌。可用5～10波美度石硫合剂药液涂刷消毒，发病严重的果园，间隔7～10天再进行1次。另外，主干和主枝伤痕较大的部位，可进行桥接或脚接，帮助恢复树势。

桃小食心虫

（1）危害状。桃小食心虫主要危害苹果、枣、梨等果树，初孵幼虫从果实胴部蛀入，蛀孔流出泪珠状汁液，不久变干成为一片白色蜡质粉末，中间蛀孔呈一针尖大小黑点，随着果实膨大，蛀孔处略凹陷，前期受害的果实多畸变为"猴头果"。幼虫在果肉中串食一段时间后，集中在果心危害，并排虫粪于虫道内，形成"豆沙馅"，使果实失去商品价值。

图6-10　桃小食心虫危害状

幼虫老熟后脱果掉到地面结茧，在果面形成火柴头大小的脱果孔（图6-10）。

（2）防治方法。

①发生较重、越冬虫口密度较大的果园，可在翌年越冬幼虫出土期进行地面喷药。一般在5月下旬，若无明显降雨过程，树盘要浇一次透水，地面稍干后将杂草清除干净，按照每亩0.5千克50%辛硫磷乳油兑水100千克，均匀喷洒在树盘外，喷药后可用齿耙将药耧入土中，以延长药效。喷药后间隔20天再喷一次。

②树上喷药。当诱捕器诱到的蛾量明显增多时（一般当每个诱捕器诱到10头左右时接近防治指标），开始田间查卵，在一代和二代卵果率达到0.5%～1%时即进行树上喷药，可选用20%氰戊菊酯乳油或2.5%溴氰菊酯乳油2 000倍液喷雾。

梨小食心虫

（1）危害状。梨小食心虫主要危害梨、桃、苹果，危害苹果多从萼凹、两果相接处蛀入，前期蛀入后先在果皮下取食，果面形成褐色疤，然后再蛀入果心，从萼凹蛀入的向外排有虫粪（图6-11）。后期幼虫可直接蛀入果心危害，果面难以发现蛀孔，幼虫也可危害苹果嫩梢，使嫩梢萎蔫。

（2）防治方法。

①人工防治。在发芽前刮除老翘皮，消灭越冬的老熟幼虫。

②性诱剂迷向和诱杀。春季初花期，每公顷悬挂500个性诱剂迷向散发器（散发器迷向丝每根含性诱剂240毫克），均匀挂在树冠上部，使雄虫迷失方向找不到雌虫，持效期可达到6个月。利用性诱剂诱捕法，在苹果园内设性诱杀器诱杀雄虫，每亩15个诱杀器，悬挂在树冠上部。

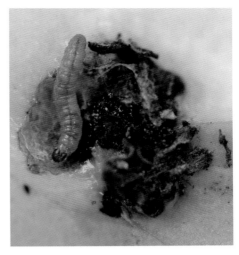

图6-11　梨小食心虫危害状

③药剂防治。用性诱剂诱捕器监测成虫发生高峰期，结合查卵，当卵果率达1%左右时开始喷药，可用2.5%溴氰菊酯乳油或20%氰戊菊酯乳油2 500倍液防治，当需要防治叶螨时，可用20%甲氰菊酯乳油2 000倍液，或2.5%三氟氯氰菊酯乳油2 500倍液。

叶螨类

（1）危害状。目前苹果园发生的螨类以二斑叶螨为主。二斑叶螨主要在叶片背面危害，吐丝结网，吸食叶片汁液，从叶片正面看有失绿的黄点，严重时呈黄焖色（图6-12），可引起落叶。

（2）防治方法。

①在果园行间种植绿肥作物，通过绿肥作物上发生的害虫培育果树叶螨的天敌，进而控制叶螨危害。以种植毛叶苕子、白三叶为好。尽量不喷广谱性杀虫剂，以保护果园生物多样性，并能显著降低叶螨危害。

②在发芽前刮除枝干上的粗皮，并喷洒5波美度石硫合剂。或结合喷其他杀菌剂，加入98.8%机油乳剂50倍液防治叶螨。

③在苹果花前花后，用5%噻螨酮乳油或20%四螨嗪可湿性粉剂2 000倍液喷

图6-12　二斑叶螨危害苹果叶片状

雾。生长季每周调查一次树上发生量，在每个果园近4个角及中心部位各选一株有代表性的树，每株树在东、西、南、北、中5个方位各随机取成龄叶5片，统计活动螨数，当平均每叶活动螨数达到5头时，开始喷药，可用43%联苯肼酯悬浮剂2 000～2 500倍液，或20%哒螨灵可湿性粉剂3 500倍液，或1.8%阿维菌素乳油8 000倍液喷雾。

苹果黄蚜

（1）危害状。主要危害苹果，也可危害梨、桃、樱桃等果树，被害叶片向叶背横卷，影响新梢生长，蚜虫分泌的汁液，在后期感染霉菌，污染叶片和果面，影响果品外观质量（图6-13）。

（2）防治方法。

①发芽前可结合防治叶螨，

图6-13　苹果黄蚜

用98.8%机油乳剂50倍液杀灭卵及初孵幼蚜。

②保护和利用自然天敌。在麦收前后，果园周围麦田中的瓢虫、草蛉等天敌大举向果园转移，保护和利用这些自然天敌对控制苹果黄蚜及其他害虫有着非常显著的效果。

③喷药防治。当虫口密度过高时，可用10%吡虫啉可湿性粉剂4 000倍液，或50%氟啶虫胺腈水分散粒剂15 000倍液，也可用50克/升双丙环虫酯可分散液剂10 000倍液进行防治。几种药剂轮换使用。

苹果绵蚜

（1）危害状。成虫、若虫集中在剪锯口及新梢叶柄基部和根部危害。绵蚜聚集处分泌白色棉花状蜡丝，被害部肿胀成瘤状，严重削弱树势（图6-14）。

（2）防治方法。

①禁止从疫区调运苗木，从疫区运出的接穗必须严格进行药物处理，可用10%吡虫啉可湿性粉剂5 000倍液浸泡5分钟。

图6-14　苹果绵蚜危害状

②花前仔细检查树干、大枝，发现绵蚜虫斑，可用1.8%阿维菌素乳油2 500倍液，或20%吡虫啉可溶液剂2 500倍液，或40%辛硫磷乳油1 500倍液喷雾防治1～3次。

③利用日光蜂防治苹果绵蚜是世界上生物防治成功的著名案例之一。可引进日光蜂消灭苹果绵蚜，注意保护自然天敌瓢虫、草蛉等。

橘小实蝇

（1）危害状。橘小实蝇（图6-15）繁殖能力强，寄主范围广，可危害柑橘、桃、梨、苹果、猕猴桃等多种水果及蔬菜。其幼虫在果实中取食果肉，导致烂果（图6-16）或落果，使果实失去经济价值，严重时直接导致减产甚至绝产，是一种毁灭性害虫。

图6-15　橘小实蝇成虫　　　　　　　图6-16　橘小实蝇危害苹果状

（2）防治方法。

①果实套袋。

②及时摘除受害果和捡拾落果，通过集中水浸、沤肥、深埋或用石灰处理，降低幼虫入土化蛹风险。

③粘板或粘球诱杀。利用橘小实蝇成虫趋色特性诱杀成虫。粘虫板的粘着力越强，粘杀效果越好。

卷叶蛾类

（1）危害状。苹果卷叶蛾种类较多，以苹小卷叶蛾和顶梢卷叶蛾危害为重。苹小卷叶蛾不仅危害叶片，还可危害果实，幼虫吐丝卷叶，或将叶片贴于果面，啃食果皮形成坑凹。顶梢卷叶蛾发生也很普遍，仅危害新梢顶部，卷叶较紧实（图6-17）。

（2）防治方法。

①苹小卷叶蛾危害严重的果园，在其越冬出蛰前，可用80%敌敌畏乳

图6-17　顶梢卷叶蛾危害状

油50倍液封闭老剪锯口。

②在冬季修剪时，注意将顶梢卷叶蛾危害的梢剪除，并集中销毁。

③诱杀成虫，在越冬代和一代成虫发生期，可用性诱剂加糖醋液诱杀成虫。

④成虫产卵期释放赤眼蜂，每次每株释放1 000头左右，间隔5天释放一次，连放4次可取得良好效果。

蚱蝉

（1）危害状。蚱蝉俗称"知了"，是一种分布极广的园林害虫。成虫在树上刺吸枝条汁液，幼虫在根部吸食汁液，影响树体生长。成虫产卵先用锋利的产卵器刺破枝条的皮层和木质部，将卵产在枝条的髓部，使枝条的皮层和木质部开裂，养分和水分运送受阻，从而使产卵部位以上的枝段萎蔫枯死（图6-18）。

（2）防治方法。

①秋季剪除产卵枯梢，冬季结合修剪彻底剪净产卵枝，并集中烧毁。

②成虫羽化前在树干绑一条3～4厘米宽的塑料薄膜带，阻止若虫上树羽化，傍晚或清晨进行捕捉，集中消灭，也可烹饪食用。

③成虫发生期于晚间在树行间点火，摇动树干，诱集成虫扑火自焚。

图6-18　蚱蝉危害状

桑天牛

（1）危害状。桑天牛是危害苹果枝干最严重的钻蛀性害虫，成虫啃食枝梢嫩皮，幼虫蛀食枝干木质部及髓部，严重者致使枝干或整株树枯死（图6-19）。

图6-19　桑天牛危害状

（2）防治方法。

① 人工防治。在成虫盛发期的早晨，特别是雨后，采取人工捕杀，是一项治本的方法。

人工杀卵：7～8月用小尖刀刺入产卵伤口，将卵刺死。

人工杀灭幼虫：小幼虫期经常检查树干，发现虫粪时，用小刀挖开皮层挑出幼虫杀死。

②药剂防治。将80%敌敌畏乳油30倍液用注射器注入新排粪孔中或制成毒签放入蛀孔中，用黏土泥封孔，用药后将树下虫粪清除，过几天检查地面，如果有新虫粪，则应补治，若无则表明虫已被杀死。

二、葡萄病虫害绿色防控

主要病害

葡萄霜霉病

葡萄霜霉病是我国葡萄产区主要病害之一，在各葡萄产区均有发生，在降水量较大的地区发生尤为严重。早期发病可造成新梢、花序枯死；中、后期发病可引起早期落叶，轻者影响当年树体养分积累，降低翌年果实产量和品质。当落叶较早且发生严重时，会引起新梢二次发芽，并消耗大量养分，造成枝条发育不充实，使枝条冬季易发生冻害而枯死，甚至引起树体死亡。

（1）症状。病菌主要侵染植株绿色组织，尤其对叶片侵染较多（图6-20、图6-21）。病部呈油渍状，淡黄色至红褐色，限于叶脉。发病4～5天后，叶片背面形成白色的似霜状物。病叶是果粒的主要侵染源，严重感染的病叶会提前脱落。如果生长初期侵染，叶柄、卷须、花序和果穗也同样出现症状，最后变褐，干枯脱落。

幼嫩的果粒高度感病，感染后果实变灰色，表面布满霜霉（图6-22）。果粒生长到直径2厘米以上时，一般不形成病菌孢子，即没有霜霉状物的形成。

图6-20　葡萄霜霉病叶片正面症状

图6-21　葡萄霜霉病叶片背面症状

图6-22　葡萄霜霉病果实发病症状

（2）防治方法。

①加强田间管理。改善田间通风透光条件，降低田间湿度；增施有机肥提高植株抗病性是防治霜霉病的根本措施。

②药剂防治仍是目前最重要的防治手段。在药剂防治时，掌握好恰当的喷药时期、选用高效杀菌剂、注意喷药质量是防治霜霉病应该注意的3个问题。目前防治霜霉病优秀的保护剂有1∶0.7∶（200～240）波尔多液、42%代森锰锌悬浮剂600～800倍液、50%福美双可湿性粉剂1 500倍液、30%王铜悬浮剂800～1 000倍液等，在葡萄霜霉病发生以前喷洒植株，可有效预防霜霉病的发生。当发生霜霉病时，要使用治疗剂进行防治。目前常使用的治疗剂有40%烯酰·霜脲氰悬浮剂1 500～2 000倍液、25%甲霜灵可湿性粉剂2 000倍液、80%乙膦铝可湿性粉剂600倍液等。当症状产生时，通常将治疗剂与保护剂混合使用，既可起到治疗作用，又可起到保护作用。在葡萄霜霉病发生异常严重时，为及时有效地控制，常在第二次喷药后的第3～5天及时补充喷洒一次。

温馨提示

　　上述3种霜霉病治疗剂如果连续使用2次以上均会产生抗药性，要注意交替使用。

由于病菌是从气孔侵入的，而气孔主要分布在叶片背面，所以在喷药防治时，要把药液喷洒到叶片背面。喷雾时，要保证喷到每片叶，尤其是新梢上部幼嫩叶片。为提高防治效果，雾滴也要尽可能细，以利于药液在叶片上充分展着。

葡萄炭疽病

炭疽病是我国葡萄产区的主要病害之一，多在葡萄成熟时表现出症状，病害造成的损失因地区、品种而有所差异，以高温多雨地区发生较为严重，高糖品种发生严重。

（1）症状。葡萄炭疽病发生在果粒、穗轴、叶片（图6-23）、卷须和新梢等部位，主要危害果实。果实发病时，幼果表面呈现黑色、圆形、蝇屎状病斑。由于幼果期酸性较高，病斑一般扩展缓慢，往往只限于表皮。当果实进入成熟期（红色品种进入着色期）时，果粒含糖量增加，病斑扩展速度加快。果实症状产生时，最初出现圆形、稍凹陷的浅褐色

图6-23　葡萄炭疽病在叶片上的症状

病斑（图6-24），严重时甚至发展至半个果面，此时病斑表面产生密集的小黑点。当天气潮湿时，即排出绯红色孢子块。随着病情的发展，病果逐渐干枯，最后变成僵果，有的整穗僵果挂在树上（图6-25）。

图6-24　葡萄炭疽病在果粒上的初始症状

图6-25　葡萄炭疽病果粒发病后期症状

（2）防治方法。

①农业防治。种植时适当增大行距；合理整形修剪，改善通风透光条件；及早进行果穗套袋；清除田间病源。夏季加强新梢管理，新梢密度要合理且能均匀分布于架面上，及时做好摘心、去除副梢等工作。

②药剂防治。葡萄开花前夕、落花以后的一段时间是防治炭疽病的关键时期。一般来说，要抓好开花前的1次药剂防治和落花后的2次药剂防治。常用的保护性药剂有1：0.7：200波尔多液、80%福·福锌可湿性粉剂500倍液、65%代森锌可湿性粉剂500倍液、420克/升代森锰锌悬浮剂600倍液、50%福美双可湿性粉剂1 500倍液等。常用的治疗剂有20%苯醚甲环唑水分散粒剂3 000倍液、95%抑霉唑原药4 000倍液等。

葡萄白腐病

（1）症状。葡萄白腐病主要危害果穗、新梢和叶片。果穗先发病，穗轴出现浅褐色病斑，像水烫状，有酒糟味道。病斑逐渐扩大到果粒，发病果粒呈水渍状，浅褐色，很快扩展至整个果粒，并且出现灰色小点，即分生孢子器（图6-26）。发病果粒容易脱落，这是该病最大的特点。病果逐渐干缩成僵果（图6-27）。当湿度较大时，发病果粒上长出灰黑色的分生孢子块。

图6-26　葡萄白腐病果穗症状　　　图6-27　葡萄白腐病果穗后期症状

白腐病在叶片上的症状出现在果穗发病后，有同心轮纹。病斑较大，组织枯死，容易破裂（图6-28）。病菌多在叶脉两侧形成分生孢子器。枝蔓上的症状一般发生在有破损的部位（图6-29），如新梢与钢丝摩擦部位，或者摘心部位。病菌分解纤维能力较强，后期病斑处表皮组织和木质部分离，呈现乱麻丝状。

图6-28　葡萄白腐病叶片症状

图6-29　葡萄白腐病枝干症状

（2）防治方法。

①农业防治。葡萄白腐病的初侵染源来自土壤，提高结果部位可有效防治该病。用地膜覆盖地面，将带菌土壤与果穗隔离开。

②药剂防治。福美双对该病防治有显著效果，常采用50%福美双可湿性粉剂500倍液防治。此外，还可使用以下保护剂预防：42%代森锰锌可湿性粉剂600倍液、72%福美锌可湿性粉剂400～600倍液、80%代森锌可湿性粉剂600倍液等。优秀的治疗剂有20%苯醚甲环唑水分散粒剂3 000倍液、40%氟硅唑乳油8 000倍液、50%多菌灵可湿性粉剂600倍液等。

温馨提示

葡萄开花前后是白腐病防治的关键时期，而离地面较近的下部果穗应是喷药防治的重点。

葡萄黑痘病

（1）症状。葡萄黑痘病危害叶片、果穗、新梢等。叶片发病时，一般在叶脉两侧，病斑形状不规则，后期中心组织枯死。病斑沿着叶脉发展并形成孔洞，多在幼嫩叶片上产生症状（图6-30）。果粒发病时，

图6-30　葡萄黑痘病叶片症状

呈现浅褐色小点而枯死，病斑随幼果生长而生长，病斑边缘褐色，中央部位为灰色（图6-31）。果粒只在幼果期表现症状，大果粒较为抗病，无症状。新梢感病时，呈现溃疡，稍隆起，后期龟裂。幼嫩的新梢容易感染而出现症状，严重时新梢枯死（图6-32）。

图6-31　葡萄黑痘病果穗症状

图6-32　葡萄黑痘病枝干症状

（2）防治方法。

①农业防治。清除田间枯枝落叶，尤其是带菌残体，集中烧毁或深埋，减少越冬病源。合理施肥，增施有机肥及磷、钾肥，控制氮肥，勿过量施用，提高植株本身的抗病性。新梢密度要合理且均匀分布，及时清除副梢，改善田间通风透光条件。在果实采收后的生长后期，应重视副梢去除工作，并限制新梢的进一步生长，促进枝条老化，不仅可以减轻该病发生，还利于花芽分化，提高翌年产量。地面采取地膜覆盖，降低田间湿度也是防治的有效措施。

②药剂防治。重点做好发芽前及生长期的药剂防治工作。发芽前喷洒3～5波美度石硫合剂，或较高浓度的多菌灵等其他杀菌剂，可有效抑制病菌的初侵染，减轻病害初发生程度。

葡萄开花前及落花后的一段时期是防治黑痘病的关键时期，要及时喷药防治。常用的保护剂有1∶0.7∶240波尔多液、80%代森锰锌可湿性粉剂600倍液、50%福美双可湿性粉剂1 500倍液。优秀的治疗剂有20%苯醚甲环唑水分散粒剂3 000倍液、40%氟硅唑乳油8 000倍液、50%多菌灵可湿性粉剂600倍液等。

葡萄灰霉病

灰霉病是葡萄的重要病害之一，在设施栽培、套袋栽培条件下发生尤其严重，常造成生产上的重大损失。

（1）症状。灰霉病主要在开花期、成熟期和储藏期发生严重，在雨水较多的地区，春季也危害葡萄的幼芽、幼叶和新梢。

在葡萄开花前夕，病菌可侵染花序，造成腐烂而后脱落。开花后期，病菌侵染花帽、雌蕊等，进而侵染果梗和穗轴。果梗和穗轴被侵染后，形成褐色病斑。在气候干燥时，病斑的发展导致果穗萎蔫或脱落。在潮湿气候条件下，可产生霉层，造成果穗腐烂变质（图6-33、图6-34）。当果实进入成熟期后，病菌通过伤口或表皮进入果实组织内。在果粒拥挤的情况下，常发生严重，相互蔓延甚至发展到整个果穗。在气候潮湿的情况下，果粒常会破裂，在果实表面形成霉层。幼芽和新梢受害后，产成褐色病斑。叶片被侵染后，产成不规则较大病斑（图6-35）。

图6-33　葡萄灰霉病幼嫩果穗症状

图6-34　葡萄灰霉病成熟果穗症状

图6-35　葡萄灰霉病叶片症状

（2）防治方法。生产上要防止出现各种伤口，如因各种原因产生的果实开裂现象等。在设施栽培条件下，要加强防治。在套袋栽培条件下，果穗套袋前进行蘸穗处理。

常用的保护剂：80%福美双可湿性粉剂1 000倍液、50%福美双可湿性粉剂1 500倍液、70%甲基硫菌灵可湿性粉剂800倍液等。在开花前及花期进行喷洒预防。

常用的治疗剂：50%多菌灵可湿性粉剂500倍液、22.2%抑霉唑乳油1 000倍液、70%甲基硫菌灵可湿性粉剂800倍液、10%多抗霉素可湿性粉剂600倍液、40%嘧霉胺悬浮剂800倍液等。当出现症状时，治疗剂与保护剂要混合使用。灰霉病防治的关键时期为开花前、落花后、果实开始成熟时等。采取套袋栽培时，一般花前和落花后喷药及套袋前药剂蘸穗是防治关键点，可与炭疽病、黑痘病、白腐病、白粉病的防治同时进行，使用广谱性治疗剂+广谱性保护剂。

葡萄白粉病

（1）症状。白粉病可以侵染叶片、果实、枝蔓等，以幼嫩组织最易感染。春季首先侵染的是幼嫩叶片，症状多在叶片正面表现，有白色的粉状物，严重时，叶片背面也会产生较少的粉状物，并表现为卷缩、枯萎，甚至脱落。新梢幼嫩小叶片受害时，会扭曲变形，基本停止生长。果实发病时，果面产生白色粉状物，擦去粉状物后，会看见褐色的网状花纹（图6-36、图6-37）。

图6-36　葡萄白粉病果实症状

图6-37　去除白粉后的果面症状

（2）防治方法。白粉病要综合防治。葡萄发芽前夕，田间要喷洒一次3～5波美度石硫合剂，也可使用其他硫制剂喷洒。目前对白粉病有治疗作用的优秀杀菌剂有三唑类（苯醚甲环唑、三唑酮等）、硫制剂（如硫悬浮剂、石硫合剂、多硫化钡、硫水分散粒剂等）、戊唑醇、甲基硫菌灵、氟硅唑等；有预防作用的优秀杀菌剂有福美双等。葡萄开花前、落花后、套袋前是白粉病防治的关键时期，与炭疽病、灰霉病、白腐病、黑痘病的防治可同时进行，使用广谱性治疗剂+广谱性保护剂。

葡萄穗轴褐枯病

（1）症状。穗轴褐枯病主要危害葡萄幼嫩花序，也危害幼小果粒。花序发病时，主要危害花序小梗和花花轴，先在花序的分枝穗轴上产生褐色水渍状斑点，扩展后逐渐发展为深褐色、稍凹陷的病斑（图6-38），当外界湿度较大时，可见褐色霉层，以及病菌的分生孢子和孢子梗。病斑扩展后，花序轴变褐坏死，后期干枯，其上着生的花蕾或花也随之萎缩、干枯、脱落（图6-39）。发生严重时，花蕾及花几乎全部落光。

图6-38　葡萄穗轴褐枯病花前症状　　　　图6-39　葡萄穗轴褐枯病幼果期症状

小幼果受害时，形成黑褐色的圆形斑点，仅危害果皮，随着果实的不断增大，病斑脱落，对果实生长影响不大。当幼果稍大时，侵染几乎停止。

（2）防治方法。

①农业防治。改善果园通风透光条件，增施有机肥及磷、钾肥，排涝降湿。

②药剂防治。花序分离至开花前是穗轴褐枯病最为重要的防治时期，可与其他病害防治同时进行。

优秀的保护剂：80%福美双可湿性粉剂1 000倍液、80%代森锰锌可湿性粉剂800倍液、50%福美双可湿性粉剂1 500倍液。

优秀的治疗剂：70%甲基硫菌灵可湿性粉剂800倍液、50%多菌灵可湿性粉剂500倍液、20%苯醚甲环唑水分散粒剂3 000倍液。

葡萄酸腐病

葡萄酸腐病是近年来新发现的一种果实病害，一些地方由于对其发生的原因及规律了解不清，缺乏有效的防治措施，常造成生产上的很大损失，甚至全园绝收，严重威胁着葡萄的生产，而且有进一步加重的趋势，必须引起高度重视。

（1）症状。该病主要危害着色期的果实，并且最早在葡萄封穗后开始危害。酸腐病的症状之一是果粒腐烂（图6-40），果粒严重发病后，果皮与果肉明显分离，果肉腐烂，果皮内有明显的汁液，到一定程度后，汁液常常外流；症状之二是病果粒有酸味，接近发病果粒时，会闻到有醋酸的气味；症状之三是有粉红色小醋蝇成虫出现在病果周围，并时常能发现有小蛆出现（图6-41）；症状之四是在果穗下方的果袋部位，常有因果肉汁液流出后造成的深色污染。

图6-40　葡萄酸腐病症状

图6-41　果蝇幼虫

（2）防治方法。

①首先晚熟品种尽量不与早熟品种混栽。品种的混合种植，尤其是不同成熟期的品种混合种植，会加重酸腐病的发生。

②避免引发机械损伤。机械损伤（如冰雹、风、蜂、鸟等造成的伤口）或病害（如白粉病、裂果等）造成的伤口容易引来病菌和醋蝇，从而造成发病。

③加强田间管理。合理整形修剪，改善通风透光条件；合理灌溉，避免大水漫灌，做好排水工作，雨水多的地区采用避雨栽培。

④防治醋蝇。对醋蝇的防治目前主要以化学防治为主，如喷洒10%高效氯氰菊酯乳油3 000倍液或80%敌百虫可溶粉剂800倍液等，注意杀虫剂要交替使用；防治醋酸菌、酵母菌可以使用80%波尔多液400～600倍液，其被认为是目前防治该病的理想药剂。喷药选择在葡萄封穗期果粒开始上色时进行，成熟期不同的品种适宜的防治时期不同，成熟早的品种防治应早，成熟晚的品种防治时期应适当推迟。从封穗期开始，一般防治2～3次，一般性的防治可以喷洒80%波尔多液600倍液＋10%高效氯氰菊酯乳油3 000倍液，或者80%波尔多液600倍液＋80%敌百虫可溶粉剂800倍液；遇到有明显的病害症状时，一般使用80%波尔多液400倍液＋10%高效氯氰菊酯乳油2 000～3 000倍液对果穗进行重点处理。

主要虫害

绿盲蝽

（1）危害状。绿盲蝽主要在春季葡萄发芽后危害幼嫩的枝芽，常使叶片产生枯死小点，随着叶片不断生长，枯死小点逐渐变成孔洞（图6-42）。叶片及生长点受害严重时，新梢生长受阻。花蕾受害后会停止生长甚至脱落，受害幼果粒初期表面呈现黄色小斑点，随着果粒生长发育，小斑点逐渐扩大，严重时受害部位发生龟裂。

（2）发生规律。绿盲蝽也可危害棉花、蔬菜等多种作物，寄主范围较广，1年发生3～5代，主要以卵越冬，3～4月越冬卵开始孵化，葡萄萌芽后开始危害，葡萄展叶盛期为危害盛期，幼果期开始危害果实，而后随着气温逐渐升高，危害逐渐变轻。绿盲蝽成虫（图6-43)白天多潜伏在葡萄树下的杂草内，夜晚和早晨取食危害。

（3）防治方法。防治绿盲蝽的时期一般选择在葡萄2～3叶期，即葡萄新梢

图6-42 绿盲蝽危害状　　　　　　　　图6-43 绿盲蝽成虫

出现2～3个较大叶片时，可在傍晚进行药剂防治。目前使用的优秀药剂有噻虫嗪、菊酯类（如溴氰菊酯、氯氰菊酯、高效氯氰菊酯等）、吡虫啉等。喷药时要周到、细致。

葡萄根瘤蚜

葡萄根瘤蚜是葡萄生产上的毁灭性害虫，近年来在我国部分地区发生蔓延。

（1）危害状。葡萄根瘤蚜主要危害根部，也危害叶片。根部被害时发生肿胀或形成肿瘤（图6-44)，轻者造成根系养分吸收能力降低，当伤口被微生物侵染时，根系腐烂、死亡，从而导致树势衰弱，甚至植株死亡。

图6-44 葡萄根瘤蚜危害状

（2）传播途径。根瘤蚜目前仅在我国少数地区发生，对于葡萄种植新区，主要通过苗木、种条远距离传播。

（3）防治方法。

①加强植株检疫，防止葡萄根瘤蚜进入其他地区。葡萄种植者也应避免从葡萄根瘤蚜疫区调入苗木。

②为防止该虫传播，对采用的苗木进行药剂消毒处理，可使用40%辛硫磷乳油800～1 000倍液浸泡枝条或者苗木15分钟左右。

③采用抗虫砧木的嫁接苗。

④一旦发生葡萄根瘤蚜危害，要用药剂进行及时防治，优秀的杀虫剂有辛硫磷、阿维菌素等。

介壳虫

介壳虫一般在避雨等设施栽培条件下发生严重。常见的有东方盔蚧和康氏粉蚧等。

（1）危害状。介壳虫以成虫、若虫刺吸葡萄枝干、叶片、果实进行危害（图6-45至图6-48）。

介壳虫排泄蜜露到果实、叶片及枝条上会造成一定污染，当田间湿度较大时，蜜露上产生杂菌污染，形成黑色煤污状物（图6-49），当污染果实时，使果实失去食用价值。

（2）发生规律。

①东方盔蚧又名扁平球坚蚧、褐盔蜡蚧。避雨栽培条件下发生较为严重。在葡萄上1年发生2代，以若虫在枝蔓的裂缝中和枝条阴面越冬。第2年，葡萄发芽前后，随着温度升高若虫开始活动，爬至枝条上开始危害，4月开始变为成虫，5月上旬开始产卵，将卵产在介壳内，5月中旬为产

图6-45　东方盔蚧危害枝干

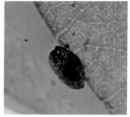
图6-46　东方盔蚧危害叶片

图6-47　东方盔蚧危害果实

图6-48　康氏粉蚧危害果实

图6-49　介壳虫危害造成叶片污染

卵盛期，雌虫一般不需要与雄虫交配即可产卵，每个雌虫可产卵1 000多粒，卵期3～4周，5月上旬至6月上旬为孵化盛期，6月中旬开始转移到新梢、果穗上危害，7月上旬羽化为成虫。常在新梢枝条上看见该虫，危害严重时，叶片上、新梢上常出现成片的黑色霉状物。

②康氏粉蚧。1年发生3代，主要以卵在树体的缝隙中及树干基部土壤缝隙处越冬。第2年春季，当葡萄发芽时，越冬卵孵化后若虫爬行到幼嫩组织进行危害。一代若虫盛发期为5月中下旬，二代为7月中下旬，三代为8月下旬。一代若虫危害枝干，二、三代若虫主要危害果实。若虫发育期雌虫35～50天，雄虫30天左右。每雌虫可产卵300粒左右。康氏粉蚧喜欢在阴暗处活动，果穗套袋有利于大发生，一般套袋后喜欢转移到袋内危害。

（3）防治方法。发芽前与生长期进行药剂防治。葡萄发芽前，在果园喷洒3～5波美度石硫合剂，消灭越冬若虫。生长季节防治主要抓好葡萄刚发芽时和6月1日前后的若虫孵化盛期。若虫孵化时，幼小虫体抗药性差，药剂防治效果较好。防治介壳虫的优秀药剂有毒死蜱、吡虫啉、啶虫脒等。

透翅蛾

（1）危害状。幼虫主要危害嫩梢，初龄幼虫蛀入嫩梢，危害髓部，致使嫩梢死亡，被害嫩梢容易被折断，被害部位肿大，蛀孔外有褐色虫粪（图6-50至图6-52）。葡萄树龄大时发生严重，在葡萄的开花期及浆果期危害严重。

（2）发生规律。透翅蛾1年发生1代，以老熟幼虫在受害枝条内越冬。5月1日前后开始活动，在越冬枝条里咬一个小孔，而后结茧化蛹。蛹期一般10天左右，由蛹变为成虫的时期一般在葡萄开花期。成虫（图6-53）多将卵产在较粗的新梢上，卵期10天左右。初孵化的幼虫多从叶柄基部进入嫩梢内，由下向上蛀食，导致新梢上部很快枯死。而后转向基部方向蛀食，受害新梢叶片变

图6-50　透翅蛾在新梢上蛀孔

黄，果实脱落。幼虫一年内转移2～3次，越冬前转移到2年生以上枝条内危害，9～10月老熟幼虫越冬。

图6-51　透翅蛾幼虫及危害状

图6-52　透翅蛾蛀食及排泄物

图6-53　透翅蛾成虫

（3）防治方法。

①加强农业防治。冬季修剪时将有虫的枝条剪除并集中烧毁，葡萄生长季节发现有被害枝条时，要及时剪除。

②药剂防治。发现危害状时，可使用药剂注射入虫孔杀虫。注射药剂可使用80%敌敌畏原药200倍液，使用菊酯类农药时可用500倍液，注射后用湿土将排粪孔密封。

叶蝉

（1）危害状。葡萄上的叶蝉一般有两种，即葡萄斑叶蝉和葡萄二黄斑叶蝉。它们主要以成虫和若虫群集于叶片背面刺吸汁液危害，使叶片出现密集的白色失绿斑点（图6-54），严重时叶片苍白、焦枯，继而造成葡萄早期落叶，树势衰退。

（2）发生规律。葡萄斑叶蝉和葡萄二黄斑叶蝉生活习性基本相似，1年发生3～4代，以成虫（图6-55）越冬。越冬成虫一般于4月中下旬开始产卵，5月中下旬若虫盛发，多在叶片背面危害，夏季喜欢在温度较低

图6-54　叶蝉危害叶片状

时取食，7:00～9:00、18:00～20:00为活动取食高峰期。

（3）防治方法。葡萄发芽后是叶蝉越冬代成虫防治的关键时期，开花前后是一代若虫防治的关键时期，应加紧喷药进行防治。理想的防治药剂有吡虫啉、菊酯类药剂等。

蓟马

（1）危害状。蓟马在我国葡萄产区分布较为广泛。主要危害葡萄幼果、嫩叶、新梢等，以锉吸方式吸食葡萄汁液。幼果受害初期，果面形成纵向的黑色斑，后发展成为木栓化的褐色锈斑（图6-56），严重时引起果实开裂，使果实失去商品价值。

图6-55　叶蝉成虫

（2）发生规律。蓟马1年发生6～10代，以成虫或若虫（图6-57）在葡萄、杂草等处越冬，少数以蛹越冬。在葡萄初花期，蓟马开始危害葡萄幼果。

（3）防治方法。防治蓟马的关键时期是开花前夕，可结合田间其他病害加入杀虫剂进行防治。常用药剂有吡虫啉、三氟氯氰菊酯等。

图6-56　蓟马危害导致果面产生褐色锈斑

图6-57　蓟马若虫

斑衣蜡蝉

（1）危害状。以成虫（图6-58）、若虫（图6-59）刺吸叶片、嫩茎汁液，其排泄物污染枝叶和果实，引起霉菌寄生（煤污病）而发黑，影响光合作用，降低

图6-58 斑衣蜡蝉成虫

图6-59 斑衣蜡蝉若虫

葡萄品质。嫩叶受害常造成穿孔，受害严重的叶片常破裂。

（2）发生规律。斑衣蜡蝉1年发生1代，以卵越冬，越冬通常在葡萄枝杈上。翌年4月中旬后卵开始孵化为若虫。若虫通常危害幼嫩的茎叶，春天葡萄新梢生长至50厘米左右时开始危害。6月中旬以后出现成虫，8～9月危害最为严重，成虫多在8月中下旬夜间交尾产卵，卵集中排列，一个卵块一般有40～50粒卵。成虫于10月下旬逐渐死亡。

（3）防治方法。斑衣蜡蝉喜欢在臭椿树、苦楝树上生活，当葡萄园周围有这些树木时，应注意重点防治，或将这些树木去除；田间卵块易被发现，可集中消灭；幼虫盛期来临前为化学药剂防治的关键时期，可喷洒辛硫磷、菊酯类药剂等进行防治。

天牛

（1）危害状。危害葡萄的天牛主要是虎天牛，又名葡萄天牛、葡萄枝天牛。以幼虫危害枝干，蛀入木质部后，常造成枝干折断或枯死。

（2）发生规律。虎天牛1年发生1代，以幼虫（图6-60）在枝干内越冬，翌年春季葡萄发芽后开始活动，粪便排在枝干内部，所以不易被发现。8月产生成虫（图6-61），并产卵于芽鳞缝隙或叶腋缝隙处，卵孵化后，即由芽部进入茎内。

（3）防治方法。春季不萌芽或萌芽后萎缩的枝条，多为虫枝，应及时剪除。在8月成虫羽化期进行药剂防治，常用药剂有辛硫磷、菊酯类药剂等。

图6-60　天牛幼虫

图6-61　天牛成虫

三、桃病虫害绿色防控

主要病害

桃黑星病

（1）症状。桃黑星病又名桃疮痂病，属真菌病害，在我国各桃产区均有发生。该病主要侵害桃树的果实，其次侵害叶片和嫩枝。受害果实的肩部先产生暗褐色小点，后变为黑色痣状斑点，直径为2～3毫米（图6-62）。受害果表面粗糙，常发生龟裂。果梗部受害后常引起落果。嫩枝受害后形成长圆形浅

图6-62　桃黑星病症状

褐色3毫米×6毫米左右的病斑，后期稍隆起，并密生小黑点，常发生流胶现象。叶片受害后，在背面的叶脉间出现不规则或多角形灰绿色病斑。以后，病斑逐渐转变为褐色或紫红色，最后干枯脱落，形成穿孔。病斑较小，直径很少超过6毫米。发病严重时可引起落叶。

（2）发生规律。病原以菌丝体在受害枝条上越冬，春季经风雨传播，成为初侵染源。该病潜育期很长，达40～70天。受害果实一般在6月开始发病，7～8月为发病盛期。极早熟及早熟品种的果实很少发病，中晚熟品种往往发病较重。

（3）防治方法。

①清除病源，结合冬剪去除病枝，集中烧毁。

②发芽前喷5波美度石硫合剂，清除枝条上越冬病原。

③落花后10～20天是防治该病的关键时间，可用70%甲基硫菌灵可湿性粉剂1 000倍液，或50%多菌灵可湿性粉剂1 000倍液，或70%代森锰锌可湿性粉剂600～800倍液均匀喷洒防治，以上药剂交替使用效果更好，间隔10～15天喷药一次，共3～4次。

桃炭疽病

（1）症状。该病属真菌病害，是桃树上重要的果实病害之一，各桃产区均有发生，尤以多雨地区受害较重，流行时，果实大量腐烂，枝条枯死。炭疽病主要危害果实，也可危害枝梢和叶片。花后即可侵染幼果和幼叶。受害果上首先出现淡褐色水渍状斑。病斑随果实的膨大而扩大，呈圆形或椭圆形，红褐色并显著凹陷（图6-63）。果实上的病斑可扩展至果柄和果枝，使新

图6-63　桃炭疽病症状

梢上的叶片纵卷。被害果除少数干缩后仍残留在枝梢上以外，绝大多数软腐脱落。成熟前的果实受侵染后，病斑凹陷，并形成明显的同心圆皱纹。枝梢上的病斑暗褐色，水渍状，长圆形。潮湿时，病斑上也溢出橘红色黏稠物。在春季萌芽至开花期，枝条上的病斑发展很快。当病斑环绕枝条时，可导致枝条枯死。染病叶片上出现近圆形或不规则病斑，淡褐色，后期中部变为灰褐色。

（2）发生规律。病原在病果与病枝中越冬，春季随风雨传播，侵染幼果和新梢。该病在整个生长期内均可发生并造成危害。开花前后及果实成熟前阴雨潮湿的地区和年份发病较重。早熟、中熟品种发病较重，晚熟品种发病较轻。

（3）防治方法。

①清除病源，及时清除并集中处理树上的枯枝、僵果和地面上的枯枝落叶。

②药剂防治。发芽前喷施5波美度石硫合剂，落花后用50%甲基硫菌灵可湿性粉剂800倍液或50%咪鲜胺乳油500倍液防治，每隔10天左右换药喷施一次，连续3次，有较好的防治效果。

桃褐腐病

（1）症状。该病属真菌病害，是桃树的重要病害之一，全国各桃产区均有发生，尤以浙江和山东等沿海地区和江淮流域为重。该病主要危害果实，也危害叶片和枝梢。果实被害初期，果面上产生褐色圆斑，若环境条件适宜，病斑可在数天内扩及全果，果肉随之软腐，病斑表面产生灰褐色绒状霉丛（图6-64）。病果腐烂后脱落，但有不少病果失水变成僵

图6-64　桃褐腐病症状

果，仍悬挂于枝上经久不落。花朵受害后，自雄蕊及花瓣先端开始出现褐色水渍状斑点，后逐渐扩展至全花，随即变褐枯萎。天气潮湿时，病花迅速腐烂，表面丛生灰霉。若天气干燥，则病花萎垂干枯，残留枝上，经久不落。受害幼叶变褐枯萎，残留枝上。新梢受害后，形成长圆形、中央稍凹陷的灰褐色溃疡斑，常发生流胶。病斑扩展环绕枝梢一周时，上部枝条枯死。

（2）发生规律。病原在僵果和受害枝条上越冬，春季随风雨传播，造成初侵染，春季低温潮湿易引起花腐。后期阴雨高湿，易引起果腐。椿象和食心虫危害造成的伤口，常给病菌提供侵染的机会。树势弱和枝条过密、通透性差的桃园发病较重。

（3）防治方法。

①及时摘除病果，减少病源，冬季清洁果园。

②防止树冠郁闭，降低冠内湿度，促进通风透光；不偏施氮肥，防止徒长，增强树体抗性。

③在果实易感病的4月下旬至5月进行药剂保护，是防治该病的关键措施。

一是及时防虫，减少虫害造成的伤口，减少侵染机会。二是落花后至5月下旬每隔8天喷一次药重点保护幼果，在花腐发生严重的地区，第一次药要在萌芽期使用以保护花器。可选用24%腈苯唑悬浮剂3 000倍液喷施。也可以在萌芽前喷一次5波美度石硫合剂，花后1周内喷施65%代森锰锌可湿性粉剂500倍液，或50%多菌灵可湿性粉剂1 000倍液，或70%甲基硫菌灵可湿性粉剂800倍液，交替使用效果更好。

桃细菌性穿孔病

（1）症状。该病分布于我国各桃产区，主要危害叶片，也能危害果实和新梢。发病初期，叶片上出现水渍状小斑点，后扩大成圆形、多角形或不规则紫褐色至深褐色斑点，直径约2毫米。病斑周围呈水渍状并有黄绿色晕环，最后形成环状裂纹，病斑脱落后形成穿孔（图6-65）。此病常造成严重的早期落叶，影响花芽分化和第二年结果。果

图6-65　桃细菌性穿孔病症状

实被害后，果面产生暗紫色、圆形、中央稍凹陷的病斑，边缘呈水渍状。在天气潮湿时，病斑上长出黄白色黏稠物，干燥时，病斑常产生裂纹。在春季新叶出现时，染病枝条上形成暗褐色小疱疹，直径约2毫米，扩展后宽度不超过枝条直径的1/2，有时造成枯梢。开花后病斑表皮破裂，病菌溢出，开始传播。夏季主要在嫩枝上以皮孔为中心形成水渍状暗紫色斑点，以后变成褐紫色至黑褐色，圆形或椭圆形，中央略凹陷，边缘呈水渍状。

（2）发生规律。病原在受侵染枝条上产生的病斑内越冬，翌年开花前后，病原从病部溢出，借风雨开始传播，经叶部气孔、枝条和果实的皮孔侵入。叶片一般于5月发病。春季干燥冷凉地区的桃树极少发病，而春季温暖潮湿的地区，特别是秋季多雨、多露水的地区和年份，发病较重。

（3）防治方法。

①清园，彻底清除枯枝、病枝（图6-66）、病叶、病果，集中烧毁。

②采用高光效树形，及时夏剪，改善桃园通风透光条件，降低湿度，加强综合管理，增强树体抗性。

③发芽前喷施5波美度石硫合剂。发芽后，喷1.5%噻霉酮悬浮剂800倍液，或20%噻唑锌悬浮剂300～500倍液，或40%噻唑锌悬浮剂600～1 000倍液防治。

图6-66　剪除病枝

桃白粉病

（1）症状。桃白粉病为真菌病害，主要危害叶和果实。叶片发病后产生不明显淡黄色小斑，斑上产生白色粉状物，病叶呈波浪状。果实以幼果易染病，病斑圆形，被覆密集白粉状物，果形不正，常呈歪斜状（图6-67）。

（2）发生规律。病原以寄生状态潜伏于寄主组织内越冬。黑色小粒点是白粉病越冬的重要形态，一般在落叶上休眠存活。翌

图6-67　桃白粉病症状

年早春，寄主萌芽至展叶期，病原以分生孢子和子囊孢子随气流和风雨传播，产生初侵染，分生孢子在空气中能发芽，一般产生1～3个芽管，即伸入寄主体表寄生生活，并不断产生分生孢子，进行重复侵染，夏末秋初，在寄主体表产生子囊果。初为白色至黄色，成熟后变为黑褐色至黑色。白粉病在幼树期发病较多，大树上发病较少。

（3）防治方法。

①清园，清除落叶深埋或烧掉，在发病期间及时摘除病果，剪除病枝深埋。

②萌芽前喷施5波美度石硫合剂。

③发病初期喷施15%三唑酮可湿性粉剂1 500倍液可收到良好的防治效果。

桃缩叶病

桃缩叶病在全国各桃主产区均有发生，北方发病轻，南方发病重，发病严重时，会影响当年花芽形成和翌年的产量。

（1）症状。桃缩叶病主要危害叶片，严重时也可危害花、幼果和新梢。被侵染的嫩叶刚伸出时就显现卷曲状，颜色发红，随叶片逐渐展开，卷曲及皱缩的程度随

图6-68 桃缩叶病症状

之增加，致全叶呈波纹状凹凸，严重时叶片完全变形（图6-68）。花和果受害后多数脱落，故不易察觉。未脱落的病果，发育不均匀，有块状隆起斑，呈黄色至红褐色，果面常龟裂。这种畸形果实，不久也会脱落。

（2）发生规律。一般气温在10～16℃时，桃树最容易发病，温度在21℃以上时发病较少。湿度高的地区有利于病害的发生。低温多雨的年份或地区，缩叶病发生严重。病原以子囊孢子，或芽孢子在桃芽鳞片外表或芽鳞间隙中越冬。到第2年春天，当桃芽展开时，孢子萌发，侵害嫩叶和新梢，子囊孢子能直接产生侵染丝侵入寄主，芽孢子还有接合作用，接合后再产生侵染丝侵入寄主。病原侵入后能刺激叶片细胞大量分裂，同时细胞壁加厚，造成病叶膨大和皱缩，以后在病叶角质层以及上表皮细胞间形成产囊细胞，发育成子囊，再产生子囊孢子及芽孢子，子囊孢子及芽孢子不再侵染，而是在芽鳞外表或芽鳞间隙中越夏、越冬。所以，桃缩叶病一年只有一次侵染。

（3）防治方法。

①及时摘除病叶，集中烧毁，以减少第2年的病原。

②药剂防治，在早春桃芽开始膨大但未展叶时，喷施5波美度石硫合剂1次，连续喷药二三年，即可彻底防除桃缩叶病。发病很严重的桃园，园内病原数量极多，可在当年桃树落叶后喷3%硫酸铜1次。翌年早春再喷施5波美度石硫合剂1次。

　　早春桃发芽前喷药防治，可达到良好的效果，如果错过此时期，而在展叶后喷药，则不仅不能起到防治作用，还容易发生药害，必须注意。

桃树黄化病

　　黄化病又称黄叶病、失绿病，是桃树常见的生理性病害，特别是地下水位高的果园发生更加严重，病害发生后叶片黄化（图6-69），严重时新梢枯死，叶片和果实早落，影响产量和质量，甚至绝收，严重的可使整株果树死亡。黄化病有多种类型。

图6-69　桃黄化病症状

　　（1）缺素黄化。缺素黄化一般是大面积的，这类黄化常是因上年挂果多，营养消耗过多而使某些元素缺乏，或土壤酸碱度变化而引起元素缺乏。类型有缺铁黄化、缺氮黄化、缺其他微量元素黄化。

　　①缺铁黄化。缺铁黄化是常见的生理性病害，病症多从4月中旬开始出现，发病一般由新梢顶端嫩叶开始向下发展。病情严重时全树新梢顶端嫩叶严重失绿，叶脉呈浅绿色，全叶变为黄白色，并可能出现茶褐色坏死斑。

　　防治方法：叶面喷施0.1%硫酸亚铁，或用0.1%硫酸亚铁+0.5%乙酸混合液在树干上打孔输液。

　　②缺氮黄化。缺氮会使全株叶片变成浅绿色至黄色，重者在叶片上形成坏死斑。初期新梢基部叶片逐渐变成黄绿色，枝梢随即停止生长。当继续缺氮时，新梢上的叶片由下而上全部变黄，叶柄和叶脉则变红。缺氮症多在较老的枝条上表现显著，嫩枝出现较晚且轻。

　　防治方法：增施氮肥，如尿素、碳酸氢铵等。

　　③其他微量元素引起的黄化都会不同程度地表现出枝梢变黄，叶片褪绿，如锌可抑制植物对铁的吸收而导致黄化，应根据不同的发生原因采用相应的方法进行防治。

（2）病毒黄化。病毒侵入果树根部组织或叶片组织，产生各种分泌物堵塞疏导系统，使树体不能吸收水分和养分，光合作用所必需的原料得不到供应，造成叶片失绿黄化，有时病毒直接侵入叶片，破坏叶绿素，直接降低叶片光合作用，使叶片迅速发生黄化。

防治方法：果园内一旦发现这类黄化病株应立即除去；建园时应避免引入发生黄化病的苗木，嫁接果树时，不要采黄化病株枝条作为接穗；大青叶蝉能将病毒从李树传染到桃树上，因此，桃树必须栽植在距离李树1 600米以外。

（3）管理不当引起的黄化。修剪不当、果园涝害、根系病害、光照不足、干旱缺水、施肥过多及有害气体均可引起黄化，应当认真观察诊断，对症下药，才能达到防治目的。

桃树腐烂病

桃树腐烂病又称干枯病或胴枯病，发生于我国各桃产区。主要危害主干和主枝，使树皮腐烂，导致枝枯树死。特别是在主干近地面处西南面发病多，受害严重。

（1）症状。桃树发病初期症状比较隐蔽，一般表现为病部略凹陷，外部可见米粒大小的流

图6-70　桃树腐烂病症状

胶，起初为黄白色，后渐变为深褐色至黑色（图6-70）。胶粒下的病皮组织腐烂，黄褐色，具有酒糟气味。病斑纵向扩展比横向快，可深达木质部。后期病斑干缩凹陷，表面生出灰褐色钉头状凸起的子座。撕开表皮，可见许多眼球状突起，中间黑色，周围有一圈白色菌丝。再后，子座顶端突破表皮，遇潮湿天气，便从中涌出黄褐色丝状孢子角。当病斑扩展绕主干一周后，病树很快枯死。

（2）发生规律。在整个生长期均可发病，尤以4～6月发病最盛。冻害和树势弱，是诱发腐烂病的主要原因。

（3）防治方法。冬季刮除病斑，对树干涂白，防治残留的部分病原；春季注意检查桃树，如发现病斑扩大，及时彻底刮除变色病皮，刮下的病皮烧毁或深埋，病口用5波美度石硫合剂消毒。

桃树流胶病

流胶病在我国各桃产区均有发生，特别是长江流域及以南桃产区，是一种极为普遍的桃树病害。植株流胶过多，可严重削弱树势，重者会引起死树。

图6-71 桃树流胶病症状

（1）症状。主要危害主干和主枝分杈处，小枝和果实也会发生流胶现象。初期从病部流出黄色半透明树胶，逐渐变为红褐色胶冻状，干燥后变为茶褐色胶块（图6-71）。

（2）病因。①寄生性真菌及细菌感染，导致流胶。②土壤黏重、通气不良。③高温高湿、降雨过大、地下水位高、排水不良、根系缺氧。④使用除草剂不当。⑤虫害，特别是蛀干害虫所造成的伤口，易导致流胶。椿象等害虫的危害可引起果实流胶。⑥机械伤、冻害和日灼等。

（3）防治方法。

①建园时应选择土壤肥沃、有机质含量高的沙壤土或轻壤土。如果在黏重土壤建园，最好通过多施有机肥、种植绿肥作物、掺沙子等手段改良土壤，提高土壤通气性能。

②挖排水沟，做到涝能排水、旱能灌水，雨后果园不积水。

③南方多雨地区，或地下水位高的地块建园，最好起垄栽培。

④提倡果园行间生草，如种植紫花苜蓿（图6-72）等，杜绝使用除草剂。

图6-72 紫花苜蓿

⑤加强管理，生长期轻剪，及时摘心，疏除过密枝条，避免在雨天高湿环境修剪。

⑥冬季进行主干涂白，桃树落叶后用5波美度石硫合剂+新鲜牛粪+新鲜石灰涂干，防治病虫害，可有效减少流胶病发生。

⑦药剂防治时先刮除胶体，然后用代森锰锌、石硫合剂等保护性药剂与丙环唑、多菌灵和咪鲜胺复配喷施。

裂果

（1）症状。裂果指桃果生长后期果皮开裂，有的从果顶到果梗方向发生纵裂，有的在果实顶部发生不规则裂纹，降低商品价值，易感染病菌发生腐烂（图6-73）。

（2）发病原因。一是品种特性。肉质松软的品种比肉质紧密的品种容易裂果，如京艳比霞脆易裂果，油桃比普通桃容易裂果。二是环境条件不良。如硬核期前后雨水

图6-73　裂果

过多、地下水位过高、土壤过湿、果面遭太阳直射等易造成裂果。三是栽培管理不当。如偏施氮肥和磷肥不足等，造成树势徒长、果园郁闭；忽视夏季修剪、栽植密度过大、一年多次使用多效唑控梢等均易造成裂果。四是果实感染病害。如感染疮痂病的果实容易裂果。

> **知识拓展**
>
> 油桃表皮细胞多为纵向排列，且较松散、不整齐，并有裂痕产生，表皮细胞层数少，抗外界压力弱，易裂开；普通水蜜桃表皮细胞多为横向排列，层数较多，排列整齐，紧密，果面有长短不等、数量较多的茸毛，看不到气孔，抗压力强，不易裂果。

（2）防治方法。一是选择不易裂果的品种。有的产区油桃成熟期（5月底至6月上旬）正值梅雨季节，导致油桃普遍裂果，建议减少油桃栽培面积，可少量栽培较抗裂果的品种（如SH肉质系列）或实行避雨栽培。不要种植在当地表现裂果较重的品种，不要种植不适应当地生态环境的品种。二是科学进行水肥管理。灌水能促进果肉细胞保持较高的含水量，避免土壤和空气过干或过湿，可

有效减轻裂果，有条件的果园可推广喷灌、微滴灌以及水肥一体化灌溉，为桃生长发育提供较稳定的土壤水分含量，保证果肉细胞平稳增大，减轻裂果。在长期干旱时，应勤灌浅灌，不宜一次性猛灌透水。施肥上应以有机肥为主，搞好配方施肥，不偏施氮肥，增施磷、钾肥，及时补充钙肥，行间种植豆科绿肥作物，在盛花前期刈割覆盖果园，也可采用无纺地布或其他材料覆盖果园，雨季要及时排水。三是做好果实病害防治。特别是疮痂病、炭疽病、穿孔病，谢花后及时、认真喷施保护性杀菌剂如代森锰锌等，发病初期可用咪鲜胺等防治。四是果实套袋。对易裂果的晚熟桃、油桃、油蟠桃，套袋是必要的防护措施。

裂核

桃果实裂核可导致采前落果、近核处褐变腐烂（图6-74），诱发次生病虫害，使风味变淡、肉质变差、耐储性下降，严重影响果实商品性。

图6-74　裂核

（1）发病原因。一是品种及遗传因素，离核品种、大果型品种容易裂核。二是桃园水肥管理失调，氮、磷施用过量，导致钙素不足；前期干旱，后期降雨或浇水过多，导致果实过度膨大。

（2）防治方法。首先，选用不易裂核品种。其次，加强水肥调控，有条件的果园可采用微喷、滴灌、水肥一体化灌溉，实现土壤水分均衡供应；在果实发育中、后期，严格控制氮肥和磷肥施用量，在桃生长初期、幼果期、果实膨大期叶面喷施商品螯合钙（或0.3%氨基酸钙），秋施基肥时，增施有机肥、生物菌肥。

再植（重茬）病

再植（重茬）病又称桃连作障碍，指桃园重茬时，新栽植的桃树生长极其缓慢，树体矮小，叶片黄化，抗性下降，流胶病等增多，投产慢，产量低，品质差，甚至出现整株死亡的现象。桃再植（重茬）病在全国各桃产区普遍存在，特别是近年来，随着桃栽培的区域化、集约化，老产区桃园不断更新，再植（重茬）病有加重发生的趋势。

（1）发病原因。再植（重茬）病发生原因相当复杂，一般认为主要是桃树根系分泌物，特别是老桃树死亡后，根腐烂产生的有毒物质达到一定浓度后，对再植桃树产生毒害性互斥作用，特别是老桃树的根皮苷在土壤中水解后，形成氢氰酸和苯甲醛，对再植幼桃苗造成危害。其次是重茬栽植造成一些营养成分特别是某些微量元素的分布失衡，或土壤酸碱度异常导致桃树再植障碍。此外，根结线虫和土壤病原微生物的增加也会引起再植障碍。

（2）防治方法。通过以下方法可减轻或克服再植障碍：一是在老果园旧址上重新栽植桃树时，定植穴与原桃树错开，在栽树前深翻改土，彻底清除残根，定植穴换新土，栽苗时，勿让苗根接触重茬老土。二是选择优良种苗，采用大规格壮苗或容器苗建园，并在最适宜定植的晚秋和早春定植，可有效降低再植障碍影响。三是老园栽新苗，即在老桃树死亡清除之前，提前在行间栽上新苗，成活后第2年或第3年再拔出老桃树。四是选择抗性砧木培育的桃苗，好的砧木能提高植株抗根结线虫病的能力，减轻再植障碍的发生危害，如中桃砧1号、GF677等。

桃蚜

桃蚜广泛分布于世界各地，危害桃、杏、李及十字花科蔬菜、烟、麻、棉等百余种经济作物和杂草。

（1）危害状。以成虫及若虫群集在嫩梢及叶片背面刺吸汁液，被害叶向背面作不规则的卷缩。大量发生时，受害新梢全部卷曲成团（图6-75），生长受抑制，树势衰弱，果实生长和花芽分化受影响。

（2）形态特征（图6-76）。

①有翅胎生雌蚜体长1.6～2.1毫米，虫体为绿色，或黄色、褐色、红褐色

图6-75 蚜虫危害状

图6-76 蚜虫形态

等，并可因寄主体色而变异。头黑色，额瘤显著，向内倾斜。胸部、触角、足端及腹管均为黑色。腹部背面中央有一个大黑色斑纹，腹管细长，圆筒形，中央至端部略膨大。尾片短粗，圆锥形，有侧毛3对。

②无翅胎生雌蚜体长1.4～2.6毫米。虫体绿色，或黄绿、杏黄、红褐色。复眼浓红色。触角6节，除第三节基部色较浅外，其余均为黑色。其他特征与有翅胎生雌蚜相同。

③若虫与无翅胎生雌蚜相同，只是个体较小，淡红色。

④卵长椭圆形，长约0.7毫米，初产时淡绿色，后变为漆黑色，稍有光泽。

（3）发生规律。桃蚜在北方地区1年发生十几代，在南方地区1年发生30～40代。早春桃芽萌动至开花时，桃蚜越冬卵孵化。若虫危害嫩芽，并开始孤雌胎生繁殖。初夏时，桃蚜繁殖最盛，危害最重。繁殖几代后，产生有翅蚜，迁飞到烟草、马铃薯及十字花科蔬菜上危害。至10月中旬产生有翅性母，迁回桃树。性母产生有翅雄蚜和无翅雌蚜，交尾后产卵越冬。桃蚜的天敌有瓢虫、草蛉、食蚜蝇和蚜茧蜂等。

（4）防治方法。

①避免在桃园周围种植寄主植物。桃树行间或桃园附近不宜栽培烟草、白菜等夏季寄主植物。

②消灭越冬代初孵蚜虫。春季开花以前，在卵已全部孵化但尚未大量繁殖及卷叶前喷药，喷药前应注意观察天敌（图6-77、图6-78）数量，并加以保护，尽量选用对天敌杀伤力小的药剂，如菊酯类农药。

③控制夏季有翅蚜扩散，压低虫口密度。花后至初夏，根据虫情再喷1～2次农药，把有翅蚜消灭在迁飞以前。

图6-77　蚜虫天敌瓢虫

图6-78　草蛉幼虫捕食蚜虫

④尽量压低越冬蚜虫数量。萌芽前整园喷1次5波美度石硫合剂，花芽膨大期及时喷1次50%氟啶虫胺腈水分散粒剂10 000倍液，花后喷1次50%氟啶虫胺腈水分散粒剂10 000倍液+22.4%螺虫乙酯悬浮剂4 000倍液，可达到良好的防治效果。

⑤涂干。药剂涂干防治蚜虫效果较好，可用20%吡虫啉可溶液剂200倍液直接涂于主干上，或在树干刺孔注射。

桃蛀螟

桃蛀螟属鳞翅目螟蛾科，是一种杂食性害虫，常以幼虫危害桃果，导致严重减产。

（1）危害状。幼虫从果柄基部和两果相贴处蛀入果实，蛀孔外堆有大量虫粪。蛀果后的幼虫取食果肉，并使受害部位充满虫粪，虫果易腐烂脱落（图6-79）。

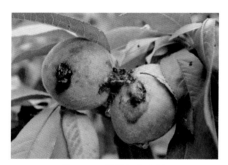

图6-79　桃蛀螟危害状

（2）形态特征。

①成虫体长约10毫米，翅展25～28毫米，全身橙黄色，体背及两翅背面散生大小不等的黑色斑点，腹部背面及侧面有成排的黑斑（图6-80）。

②卵椭圆形，长径0.6～0.7毫米，短径0.3毫米，初产时为乳白色，后渐变为红褐色，表面布满网状花纹。

图6-80　桃蛀螟成虫

图6-81　桃蛀螟幼虫

③老熟幼虫体长18～25毫米，体色紫红、淡褐或浅灰色，腹面淡绿色，头、前胸背板、臀板为褐色，身体各节均有粗大的灰褐色瘤点（图6-81）。

（3）发生规律。我国北方1年发生2～3代，南方1年发生4～5代，主要以老熟幼虫在被害僵果、裂缝、玉米秸秆等处越冬，也有小部分以蛹越冬。翌春化蛹并羽化为成虫。成虫羽化后一天交尾，产卵前期为2～3天。成虫对黑光灯有强烈的趋性，对糖醋味也有趋性。白天隐藏在叶片背面，晚上出来活动。越冬代成虫多产卵于早熟品种桃果上，经6～8天孵化为幼虫。初孵幼虫先在果梗基部吐丝蛀食果皮，后沿果核蛀入果心危害，蛀食果肉和核仁。果外有蛀孔，蛀孔处流胶，并排出褐色颗粒状粪便，粪便被胶粘贴在果面上，果实内也留有虫粪。一果内常有数条幼虫，部分幼虫可转果危害。幼虫5龄，老熟后在果内、两果相贴处和果枝上结白色茧化蛹。

（4）防治方法。

①消除越冬场所。冬季清除玉米、向日葵、高粱等的残体，刮除桃树上的老翘皮，消灭越冬蛹。

②诱杀成虫。利用黑光灯（图6-82）或糖醋液诱杀成虫。

③摘除虫果。从6月中下旬开始摘掉虫果及拾净落地虫果，集中烧掉或深埋，可降低或基本控制桃蛀螟危害。

图6-82　桃园悬挂黑光灯

④喷洒农药。在一至二代成虫产卵高峰期喷洒1%甲维盐微乳剂2 000倍液+25%灭幼脲悬浮剂1 500倍液。

梨小食心虫

梨小食心虫广泛分布于我国南北方各个桃产区，主要以幼虫蛀食嫩梢和果实。

（1）危害状。嫩梢顶部被害后凋萎枯干（图6-83）。被害果有小蛀孔，蛀孔周围凹陷，孔外排有较细虫粪（图6-84）。果内蛀道直达果核，被害处留有虫粪。果面上有较大脱果孔，虫果易腐烂脱落。

图6-83　梨小食心虫危害桃嫩梢

图6-84　梨小食心虫危害桃果实

（2）形态特征。

①成虫体长4～6毫米，翅展10～15毫米。全身灰褐色，无光泽。前翅混杂有白色鳞片，前缘有8～10组白色小斜纹，近基部3/5处有一小白点，近外缘处有10个小黑点（图6-85）。

②卵呈椭圆形，乳白色，半透明。

③小幼虫乳白色，头部及前胸背板皆为黑色。

④老熟幼虫体长10～14毫米，淡粉红色，头部黄褐色（图6-86）。

图6-85　梨小食心虫成虫

图6-88　梨小食心虫幼虫

（3）发生规律。该虫在华北地区1年发生3～4代，华南地区1年发生6～7代，以老熟幼虫在树干皮缝中结白茧越冬。在华北地区，于4月上旬开始化蛹。羽化后的成虫主要在桃梢上产卵，一只雌蛾产卵50～100粒。成虫趋光性不强，但喜食糖蜜和果汁。幼虫孵化后多从新梢顶部第二、第三片叶处蛀入梢尖，并向下蛀食，蛀孔外排有虫粪。受害梢尖部位常流胶，并凋萎干枯下垂。一头幼虫可转移危害2～3个新梢。幼虫老熟后结茧化蛹，羽化成虫，产卵，孵化。幼虫继续危害桃梢或果实。二代幼虫发生在6～7月。三代卵盛发期在7～8月。这代幼虫老熟后脱果，多数爬到树皮裂缝中越冬。梨小食心虫有转主危害的习性，在桃、梨混栽的果园发生较重。一般雨水多、湿度大的年份危害较重。

（4）防治方法。

①幼虫越冬前在树干上绑草把，诱集老熟幼虫，冬天收集烧掉。

②早春刮除老翘皮，消灭潜藏的越冬茧；萌芽至开花期在树体上部悬挂梨小食心虫迷向剂，每亩40个。

③利用糖醋液、性诱剂诱杀成虫并测报成虫盛发期，从而确定用药时期。

④夏季随时剪除被害嫩梢、捡拾落地虫果深埋。

⑤生物防治。通过释放赤眼蜂和松毛虫，可绿色防治梨小食心虫。

⑥晚熟品种套袋，一般于5月底至6月初第二次疏果后喷1次杀虫、杀菌剂，并于7天内完成套袋。不能套袋生产的早中熟品种，应根据虫情测报合理用药。一般成虫盛发期过2～3天为产卵盛期和孵化始期，此时打药效果好。一旦幼虫蛀入新梢或果实后再进行化学防治，效果很差。可喷施16 000国际单位/毫克甜核·苏云菌可湿性粉剂1 000倍液，或25%灭幼脲悬浮剂1 500倍液，或2.5%高效氯氟氰菊酯乳油1 000倍液，或25%氰戊菊酯乳油2 000倍液+25%灭幼脲悬浮剂1 500倍液。

山楂叶螨

（1）危害状。山楂叶螨主要危害叶片，也危害幼果。各地区危害程度不同，轻者使叶片颜色变浅，降低光合作用；重者会造成大量落叶，使果实发育和花芽形成受抑制，降低产量和品质（图6-87）。

（2）形态特征。

①山楂叶螨雌成螨体长0.6毫米左右，体背前方隆起。冬型成螨鲜红色，夏型为暗红色（图6-88）。体背有24根细长刚毛，足淡黄色。

图6-87 山楂叶螨危害状　　　图6-88 山楂叶螨成螨（左为雌成螨，右为雄成螨）

②雄成螨体较小，末端尖，橘黄色，体背两侧有黑绿色斑块（图6-88）。

③卵球形，浅黄色，半透明。

④幼螨足3对，初为黄白色圆形，后变浅绿色椭圆形。

⑤若螨足4对，体色淡翠绿色或浅橙色，体背已露出黑绿色斑。

（3）发生规律。山楂叶螨1年发生5～9代，以受精雌成螨在枝干的翘皮下、粗皮裂缝内及靠近树干基部3厘米深的土块缝隙中越冬。在大发生的年份，还可以在落叶、枯草或石块下潜伏越冬。第2年春季芽开始膨大时，出蛰上树活动。芽露绿后，即转移到芽上危害。展叶后转移到叶片上危害。雌螨危害嫩叶7～8天后开始产卵，卵经8～10天孵化为若螨。螨虫群集于叶背危害。这时越冬代雌成螨大部分死亡，而一代雌成螨尚未产卵，恰是防治的有利时机。6月以后，世代重叠，各虫态同时存在，给防治工作带来一定的困难。高温干旱有利于山楂叶螨的繁殖与危害，气候越干旱危害越重。雨季到来后，山楂叶螨的危害迅速减轻。一般到9月下旬后鲜红色的越冬代大量发生。

（4）防治方法。

①清园。在越冬卵孵化前刮除老翘树皮集中烧毁，并在树干上涂白杀死大部分越冬卵。

②深翻树盘。早春进行翻地，清除地面杂草，保持越冬卵孵化期间田间没有杂草，使山楂叶螨找不到食物而死亡。

③绑草环诱集。山楂叶螨越冬之前从树上下来，因此，可从8月中下旬开始在树干绑草环，为下树越冬的山楂叶螨营造一个越冬场所，让其集中在草把或草环中，待9月下旬至10月上旬，把草环、草把解下集中烧掉以消灭越冬成螨，此法是降低或控制山楂叶螨危害的有效措施之一。

④药剂防治。萌芽前喷5波美度石硫合剂；5月下旬喷施21.4%螺螨酯悬浮剂2 500倍液+3%阿维菌素微乳剂2 000倍液可达到理想的防治效果。

桃潜叶蛾

（1）危害状。以幼虫潜入叶片蛀食叶肉，在上下表皮之间蛀食成细长弯曲的隧道，致使叶片穿孔、断裂或脱落（图6-89）。

图6-89　桃潜叶蛾危害状

（2）形态特征。

①成虫体长3毫米，翅展6毫米，虫体及前翅银白色。前翅狭长，前端尖，附生3条黄白色斜纹，翅尖端有黑色斑纹。前后翅部具黑色长缘毛。

②卵扁椭圆形，无色透明，卵壳极薄而软，大小为0.33毫米×0.26毫米。

③幼虫体长6毫米，胸部淡绿色，体稍扁，有黑褐色胸足3对（图6-90）。

④茧扁枣核形，白色，两侧有长丝粘于叶片上（图6-91）。

图6-90　桃潜叶蛾幼虫

图6-91　桃潜叶蛾茧

（3）发生规律。桃潜叶蛾以蛹在被害叶片上结一白色茧越冬。危害时期为5～9月，8月危害最重。卵产于叶下表皮内，孵化后的幼虫在组织内潜食危害，串成弯曲隧道。

（4）防治方法。

①清园，彻底将残枝、落叶和杂草集中烧毁，消灭越冬蛹。只要清除彻底，可以基本控制其危害。

②在危害期喷25%灭幼脲悬浮剂1 500倍液+3%阿维菌素微乳剂2 000倍液。

桃红颈天牛

（1）危害状。以幼虫在枝干的皮层和木质部钻蛀隧道，造成树干中空，皮层脱离，树势衰弱，以至引起树体死亡（图6-92）。

（2）形态特征。

①成虫体长28～37毫米，黑色。前胸大部分棕红色或全部黑色，有光泽，两侧各有一刺突，背面有瘤状突起（图6-93）。

图6-92　桃红颈天牛导致桃树死亡

②卵长圆形，乳白色，长6～7毫米。

③幼虫体长50毫米，黄白色，前胸背板扁平方形，前缘黄褐色（图6-94）。

（3）发生规律。在华北地区2～3年发生1代，以幼虫在树干的蛀道内越冬。春季，越冬幼虫恢复活动，在皮层下和木质部钻蛀不规则的隧道，并向蛀孔外排

图6-93　桃红颈天牛成虫

图6-94　桃红颈天牛幼虫

出大量红褐色粪便及木屑，堆满树干基部地面。5～6月发病最重，严重时树干被蛀空而导致树体死亡，老熟幼虫黏结粪便、木屑，在树干内结茧化蛹，6～7月羽化为成虫。羽化后3～5天，成虫钻出树干皮缝，栖息于树干。2～3天后交尾，产卵于树干皮缝中。每条雌虫可产卵40～50粒。卵期8天左右，孵化后的幼虫先头朝下钻入韧皮部，越冬后继续在皮层内向下蛀食，至7～8月，当幼虫约长至30毫米时，改为头向上，向木质部蛀食并越冬，至第3年5～6月老熟化蛹，蛹期约10天。

（4）防治方法。

①在6～7月成虫发生期捕捉成虫，收效较大。12:00～13:00红颈天牛从树冠下到树干基部，群集休息，于中午或下午人工捕捉成虫，连续数天，基本可以控制危害。

②在9～10月检查枝干有新鲜虫粪时，应立即用刀将皮下小幼虫挖出来消灭，效果最好。

③成虫发生前，在树干和主枝上涂白（涂白剂用10份生石灰+1份硫黄粉+10份水+少许食盐）防止成虫产卵。

④在每个蛀道口塞入氧化铝片或蘸有吡虫啉原液的棉球，然后用黄泥封死，以熏死幼虫。

介壳虫

桃树介壳虫种类很多，主要有桑白蚧、杏球坚蚧（朝鲜球蚧）、槐枝坚蚧（扁平球坚蚧）、桃球坚蚧（日本球坚蚧）等。

（1）危害状。以雌成虫和若虫聚集在幼龄枝干上吸取汁液，严重时枝干表面布满介壳（图6-95），致使枝梢萎蔫，甚至整株枯死。其分泌物会污染果实，降低树势及果实商品性。最初，仅在局部或单株上发生，但很快蔓延至全园。

图6-95 介壳虫危害状

（2）形态特征。

①桑白蚧（图6-96）。雌成虫橙黄色或橙红色，体扁平卵圆形，长约1毫米，腹部分节明显，雌介壳圆形，直径2～2.5毫米，有螺旋纹，灰白至灰褐色，壳点黄褐色，位于介壳中央偏旁。雄成虫体长0.6～0.7毫米，仅有翅1对。雄介壳细长，白色，长约1毫米，背面有3条纵脊，位于介壳前端。

图6-96 桑白蚧

②桃球坚蚧（图6-97）。体近球形，长约6.7毫米，宽约6毫米，高约5毫米。雌成虫性成熟期体壁较软，黄褐色，体表布白色蜡粉，并有深褐色斑纹，体背后侧分泌水滴状蜜露珠，招引雄虫交尾；中后期体色逐渐加深，变赤褐色或暗枣红色，背中央有两纵行凹陷的点刻，每行5～6个，形成3条纵隆起。雄虫有翅会飞，头黑色，眼黑色，触角10节，前翅近卵圆形白色，虫体红褐色，腹部8节，腹末生淡紫色性刺，基部两侧各有一条白色蜡毛。雄虫羽化前介壳长扁圆形，由蜡质层和蜡毛组成，表面呈毛毡状。

③杏球坚蚧（图6-98）。体近乎球形，后端直截，前端和身体两侧的下方弯曲，直径3～5毫米，高35毫米。初期介壳质软，黄褐色，后期硬化，呈红褐色至黑褐色，表面皱纹明显，体背面有纵列点刻3～4行或不成行。

图6-97 桃球坚蚧

图6-98 杏球坚蚧

（3）发生规律。

①桑白蚧。1年发生2代，以雌成虫在枝上越冬。越冬雌虫于5月在壳下产卵，5月下旬至6月上旬出现一代若虫，8月中下旬出现二代若虫，若虫爬出壳后分散活动1天左右固定在枝上危害，5～7天后分泌出棉毛状白色蜡粉附于体上，并逐渐加厚。

②桃球坚蚧。1年发生1代，以二龄若虫在枝条上越冬，常几个或几十个群集在一起。在枝条上或芽腋间固定危害一段时间即越冬，一般不再转移。芽萌动期吸食树体汁液进行危害。雌性若虫发育时将越冬蜡壳胀裂，但仍附在体背上，4月上旬再蜕一次皮即变为成虫，虫体迅速膨大，体表形成较软的红褐色蜡壳，近球形。体背后侧分泌水珠状透明的黏液，招引雄虫前来交配。雄虫交尾后即死亡。4月下旬雌虫体壁硬化，体色加深渐变暗紫红色，雌虫在壳下产卵，边产卵虫体渐变小变瘪，每头雌虫约产卵2 500粒，5月中旬开始孵化，雌虫体和枝条间开一小缝，刚孵化的仔虫即可爬出扩散，先在叶背危害，9～10月爬到枝条上选适当位置固定危害。蜕一次皮后即以二龄若虫越冬。

③杏球坚蚧。1年发生1代，以二龄若虫固着在枝条上越冬。5月上旬开始产卵于母体下面，产卵约历时两周。每头雌虫平均产卵1 000粒左右，最多达2 200粒，最少产卵50粒。卵期7天，5月中旬为若虫孵化盛期，初孵若虫从母体臀裂处爬出，在寄主上爬行1～2天，寻找适当地点，以枝条裂缝处和枝条基部叶痕中为多。固定后，身体稍长大，两侧分泌白色丝状蜡质物覆盖虫体背面。6月中旬后蜡质物又逐渐融化出白色蜡层，包裹在虫体四周，此时若虫发育缓慢，雌雄难分，越冬前蜕皮1次进入二龄，到10月上旬以后二龄若虫在其分泌形成的蜡被内越冬。

（4）防治方法。

①冬季修剪时，剪除严重虫枝，或用硬毛刷、细钢丝刷、竹片等刮掉树上越冬的雌成虫。

②萌芽前，喷5波美度石硫合剂消灭越冬雌虫。

③气温0℃以下时，用清水喷洒危害枝后等待结冰，再清除冰体。

④保护和利用天敌，如红点唇瓢虫、黑缘红瓢虫、小二红点瓢虫和寄生蜂等天敌，或引入天敌消灭害虫。

⑤药剂防治。3月下旬喷施21.4%螺螨酯悬浮剂2 500倍液+3%阿维菌素微乳剂2 000倍液，待9月中下旬再喷施一次，杀蚧效果显著。

苹小卷叶蛾

（1）危害状。幼虫危害桃
芽、叶、花和果实，小幼虫常将
嫩叶边缘卷曲，以后吐丝接合嫩
叶（图6-99），大幼虫常将2～3
片叶平贴，或将叶片食成孔洞或
缺刻，或将叶片平贴果实上，将
果实啃成许多不规则的小坑洼。

（2）形态特征。

①成虫体长6～8毫米，黄褐
色。前翅的前缘向后缘和外缘角

图6-99　苹小卷叶蛾危害状

有两条浓褐色斜纹，其中一条自前缘向后缘到达翅中央部分时明显加宽。前翅
后缘肩角处及前缘近顶角处各有一小的褐色纹（图6-100）。

②卵扁平椭圆形，淡黄色半透明，数十粒排成鱼鳞状卵块。

③苹小卷叶蛾幼虫身体细长，头较小，呈淡黄色（图6-101）。小幼虫黄绿
色，大幼虫翠绿色。

④蛹黄褐色，腹部背面每节有刺突两排，下面一排小而密，尾端有8根钩状
刺毛。

（3）发生规律。苹小卷叶蛾1年发生3～4代，辽宁、山东可发生3代，黄河
故道和陕西关中一带可发生4代。以幼龄幼虫在粗翘皮下、剪锯口周缘裂缝中结
白色薄茧越冬。第2年萌芽后出蛰，吐丝缠结幼芽、嫩叶和花蕾危害，长大后则

图6-100　苹小卷叶蛾成虫

图6-101　苹小卷叶蛾幼虫

多卷叶危害，老熟幼虫在卷叶中结茧化蛹。在1年发生3代的地区，6月中旬越冬代成虫羽化，7月下旬一代羽化，9月上旬二代羽化；在1年发生4代的地区，越冬代在5月下旬羽化，一代在6月末至7月初羽化，二代在8月上旬羽化，三代在9月中旬羽化。成虫夜间活动，有趋光性，对果醋和糖醋均有较强的趋向性，设置性信息素诱捕器，可用来直接监测成虫发生期的数量变化。

（4）防治方法。

①冬春刮除老皮、翘皮等，消灭部分越冬幼虫，春季结合疏花疏果，摘除虫苞。

②萌芽初期，幼虫已经活动但未出蛰时用50%敌敌畏乳油200倍液涂抹剪锯口等幼虫越冬部位，可杀死大部分幼虫。

③在6月中下旬至7月上旬，喷施25%灭幼脲悬浮剂1 500倍液+3%阿维菌素微乳剂2 000倍液。

金龟子

金龟子是危害果园的主要鞘翅目害虫，我国主要有铜绿丽金龟、黑绒鳃金龟、大黑鳃金龟等，其中铜绿丽金龟占比最高。

（1）危害状。金龟子成虫、幼虫均能危害，且食性杂。成虫啃食叶、芽、花蕾，危害严重时可将叶片全部吃光，并啃食嫩枝，造成枝叶枯死（图6-102）。幼虫啃食桃树根部和嫩茎，影响生长，并可使桃树枯黄，同时，根茎被害后，易造成土传病危害及线虫病危害侵染，对幼树危害更大，重者可致幼树死亡。

图6-102　金龟子危害状

图6-103　金龟子

（2）形态特征。

①成虫体多为卵圆形，或椭圆形（图6-103），触角鳃叶状，由9～11节组成，各节都能自由开闭。成虫一般雄大雌小。体壳坚硬，表面光滑，多有金属光泽。前翅坚硬，后翅膜质。

②幼虫乳白色，体常弯曲呈马蹄形，背上多横皱纹，尾部有刺毛，生活于土中，一般称为"蛴螬"。老熟幼虫在地下结茧化蛹。

（3）发生规律。一般1年发生1代，不同种类其年生活史、发育历期、田间消长规律也不尽相同。以老熟幼虫或成虫在土下越冬，翌年3～4月上中旬气温回升、土壤潮湿，越冬幼虫从土层深处爬至浅土层中化蛹，然后羽化为成虫。在闷热的傍晚，特别是雨后转晴的日子，成虫大量羽化出土，4～7月是成虫活动高峰期。8～9月成虫产卵于疏松、腐殖质丰富的泥土或堆积厩肥中以及腐烂的杂草或落叶中。成虫多在夜间活动，有趋光性。有的种类还有假死现象，受惊后即落地装死。

（4）防治方法。

①黑光灯诱杀，在成虫羽化出土高峰期，利用其趋光性，使用黑光灯诱杀（灯下放置水盆，水中滴入一些煤油），效果非常好。

②利用成虫的假死性人工捕捉杀灭，或果园放养鸡鸭，摇动树枝让成虫掉落地下被鸡鸭捕食。

③保护和利用天敌，如鸟类、青蛙、寄生蜂等天敌。

④药剂防治，9月至翌年3月结合果园松土、整地，每亩用5%辛硫磷颗粒剂5～7千克撒施于树冠下的地面，并翻入土中，毒杀幼虫；在成虫盛期的傍晚，用90%敌百虫原药800倍液喷雾防治。

四、梨病虫害绿色防控

梨树主要病害有干腐病（图6-104）、黑斑病（图6-105）、黑星病（图6-106）、锈病（图6-107）、轮纹病（图6-108）等，主要虫害有茶翅蝽（图6-109、图6-110）、梨茎蜂（图6-111）、梨木虱（图6-112）、梨小食心虫（图6-113）、山楂叶螨（图6-114）等。

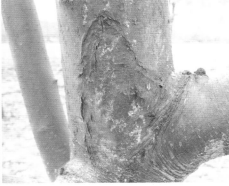

图6-104　梨干腐病症状

图6-105　梨黑斑病症状

图6-106　梨黑星病症状

图6-107　梨锈病症状

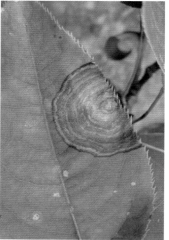

图6-108　梨轮纹病症状

图6-109　茶翅蝽幼虫和卵　　　　图6-110　茶翅蝽成虫

图6-111 梨茎蜂危害状

图6-112 梨木虱及其危害状

图6-113 梨小食心虫及其危害状

图6-114　山楂叶螨危害状

（一）加强病虫害预测预报

不同病虫害的发生都有其规律性，要根据病虫害发生规律进行预测预报。抓住病虫害最佳防治时期对症用药，才能达到好的防治效果。

（二）适时对症用药

1.梨树叶部病害　春季清理枯枝落叶和病虫枝等，萌芽前喷5波美度石硫合剂。抓住花前和花后、5月底、采果前45天这3个关键期进行药剂防治，可选用40%氟硅唑乳油8 000～10 000倍液，或12.5%烯唑醇悬浮剂2 000倍液，或10%苯醚甲环唑水分散粒剂1 500～2 000倍液，或1：（2～3）：200波尔多液等。

2.梨树枝干病害　加强管理提高抗病性。改冬剪为春剪，减少剪枝口冻伤；春剪选择晴朗的天气进行，做好剪锯口保护工作。腐烂病疤随见随治，刮除腐烂组织并涂药治疗，芽萌动初期喷施铲除性药剂。如梨枝干腐烂病，初春发病前，彻底刮除病部腐烂皮层，涂甲基硫菌灵油膏[70%甲基硫菌灵可湿性粉剂：植物油=1：（20～25）]、腐殖酸铜等；刮下的病皮要集中烧毁；芽萌动初期喷施铲除性药剂30%戊唑·多菌灵悬浮剂400～600倍液，或60%铜钙·多菌灵可湿性粉剂400～600倍液，或77%硫酸铜钙可湿性粉剂300～400倍液，或45%代森铵水剂200～300倍液等。

3.梨小食心虫 1年发生3～5代。桃、梨、杏混栽或邻近栽种的果园危害尤其严重。在农业、物理和生物防治的基础上，重点抓住花后至幼果期和果实膨大期进行预测预报和喷药防治。可选用480克/升毒死蜱乳油2 500 倍液（杀成虫、幼虫），或2.5%高效氯氟氰菊酯乳油3 000～4 000 倍液，或522.5克/升氯氰·毒死蜱乳油2 000 倍液+25%灭幼脲悬浮剂1 500倍液（杀幼虫、卵）防治。各药剂要使用适当，并注意交替使用，喷药要细致周到。为保证果实的品质，采前15天或30天内严禁用药。

4.梨木虱 药剂防治重点抓好越冬成虫出蛰期和第一代若虫孵化盛期喷药。药剂可选用 22.4% 螺虫乙酯悬浮剂 4 000 倍液，或 10%吡虫啉可湿性粉剂 1 500～2 000 倍液。另外，一代若虫发生比较整齐，此时喷洒 350 克/升吡虫啉悬浮剂 5 000 倍液+1.8% 阿维菌素乳油 1 500 倍液，也可收到很好防效。

5.梨椿象 1年发生1代，其成虫或若虫都可刺吸梨果，使被害部分失水木栓化，石细胞增多，影响梨品质。6月中旬至8月上旬若虫发生期，可选用40%毒死蜱乳油1 500倍液，或40%氰戊菊酯乳油3 000倍液，或2.5%高效氟氯氰菊酯乳油3 000倍液，或50%杀螟硫磷乳油1 000倍液进行树上喷雾防治。

（三）统防统治

许多病虫害具有流行传播、转移迁徙危害等特点，甚至还有一些具有暴发性，一家一户难以应对。因此组织植保服务队进行统一防治，可以避免出现"漏治一点，危害一片"的现象，能明显提高防治效率、效果和效益。

（四）改进喷药方式方法

喷药方法正确与否，直接影响防效和农药残留。喷头距果实或树叶过近或过远、对叶片正反面喷洒、喷头的喷片孔径过大都影响喷药的质量，并且连续使用同种药剂会导致抗药性，使防效不佳。正确的方法：使用孔径为1.2 毫米的喷片，喷药角度与树冠

图6-115　弥雾机喷药

成45°角，距离树叶或果实50厘米左右，对着叶背细致喷雾，自上而下，由里到外均匀喷雾，农药轮换使用，这样才能达到预期效果。可使用弥雾机进行喷药（图6-115）。

掌握最佳喷药时机：喷药应选择阴天，无风时及早晚进行，避开大风、中午高温时段，以11:00前、16:00后为宜。

（五）梨树病虫害综合防治的关键措施

病虫害防治不能单一地依靠化学农药，在加强土肥水等综合管理的基础上，应采取综合防治措施。在选用物理防治、生物防治及药剂防治的同时，应在喷药时注意叶面肥和增效剂的使用，增效剂的使用主要解决药液的渗透性和增效性问题。综合防治的关键措施有：

（1）果实套袋。果实套袋可以减少果实病害和虫害，提高果实外观质量，同时减少果实农药残留。从落花后1周开始，先喷一次内吸性杀菌剂，间隔10天左右再喷1次杀菌剂，然后开始套袋，在套袋期间出现降雨时，未套袋的部分果树重新补喷杀菌剂。

（2）尽量应用栽培措施控制病虫害。加强树体管理，合理施肥，增强树势，合理修剪，调节负载量，改善通风透光条件，创造不利于病虫害发生的环境。

（3）利用物理、生物防治控制病虫害。①注意保护自然天敌，创造有利于天敌繁殖的条件，如种植绿肥作物可改善天敌的生存环境，为其提供越冬场所，躲避不良生存环境条件，同时绿肥作物上的昆虫也为天敌提供食物，利于其繁殖（图6-116）。②利用昆虫性信息素（迷向丝）诱杀食心虫、卷叶蛾。每亩用33根，均匀悬挂在距树冠1/3处的树枝上（图6-117）。③利用瓦楞纸作为诱虫带诱杀害虫。绑扎适期为8月初，用胶带或绑带将诱虫带绑裹于树干分枝下5～10厘米处诱集害虫（图6-118），待害虫完全越冬休眠后到出蛰前（12月至翌年2月底）解下，集中销毁或深埋，消灭越冬虫源。防治对象为梨木虱、山楂叶螨、二斑叶螨雌成虫、康氏粉蚧、草履蚧、卷叶蛾、苹果绵蚜一至三龄幼虫。④每年寒冬来临前，给梨树主干刷涂白剂（图6-119）。配制比例：生石灰：硫黄粉：食盐：动植物油：热水=8：1：1：0.1：18，防治对象为日烧、冻裂、树干上越冬的病虫害。

图6-116　果园生草创造适合天敌生存的环境

图6-117　迷向丝

图6-118　树干绑瓦楞纸诱虫带

图6-119　树干涂白

（4）利用害虫趋性诱杀防治。①利用多数害虫的趋光性，在果园悬挂频振式杀虫灯（图6-120），杀虫灯可以和水盆结合，也可以和高压电网结合成捕杀器，一般3～4公顷挂一个黑光灯就可获得良好的防治效果。时间为4月中下旬至10月上中旬，安装高度略高于树冠。每天22:00开灯，6:00关灯。每3天清理1次。防治对象为鳞翅目和鞘翅目害虫，特别是对金龟子类、天幕毛虫、梨小食心虫的诱

图6-120　频振式杀虫灯

杀效果显著。②利用蚜虫、白粉虱对黄色的趋性，在果园悬挂黄色粘虫板可起到防虫作用，铺设银灰色、黑色地膜对蚜虫有驱避作用。在梨树初花期前，将黄色双面粘虫板悬挂于距离地面1.5～2.0米高的枝条上（图6-121），每亩悬挂20～30张，利用粘虫板的黄色光波引诱成虫，防治对象为梨茎蜂、梨小食心虫、梨瘿蚊等。③春季果园挂糖醋液诱杀瓶可防治多种害虫（图6-122），特别是梨小食心虫、卷叶蛾，并且糖醋液和性诱剂结合可显著提高诱杀效果。

图6-121　黄色粘虫板诱杀害虫

图6-122　糖醋液诱杀害虫

（5）化学农药防治病虫害。果品生产允许使用高效低毒化学农药，禁止使用高毒、有残留农药，但在实际操作中应树立尽量少用化学农药的指导思想，在选择农药时，可用生物农药控制的应优先考虑使用生物农药，其次是矿物源农药，如石硫合剂、硫悬浮剂、波尔多液、矿物油类。在选择化学合成农药时，应尽量选择高效低毒的农药，最好是具有一定选择性的农药，如吡虫啉对蚜虫、叶蝉类，哒螨灵、四螨嗪对叶螨类有选择性。另外，注意农药要交替使用，以延缓病虫害的抗药性。

（1）波尔多液与石硫合剂不可混用，因两者混用后会发生化学变化，生成多硫化铜，不仅降低药效，还会造成药害。先后使用这两种农药时也要间隔一定时间。先用石硫合剂时，须间隔 15 ~ 20 天方可喷洒波尔多液；先用波尔多液时，须间隔 20 ~ 25 天才可喷洒石硫合剂。

（2）波尔多液和石硫合剂与多数杀虫剂不可混用。因为二者呈碱性，而大多数杀虫剂偏酸性，混用会导致药剂分解失效。

（3）微生物杀虫剂如白僵菌，不可与微生物杀菌剂如多氧霉素、井冈霉素混用，混用会因微生物被杀伤而降低药效。

（4）油乳剂、皂液与多数杀虫、杀菌剂不可混用，混用会造成药剂分解或沉淀而降低药效。

石硫合剂特性及配制方法

石硫合剂是果品生产中常用的一种植物保护药剂，是具有杀虫、杀螨、杀菌作用的矿物源农药，可以防治树木花卉上的叶螨、介壳虫、蚜虫、锈病、白粉病、腐烂病及溃疡病等。石硫合剂具有强碱性和腐蚀性，其有效成分是多硫化钙，不能与大多数怕碱农药混用，也不能与油乳剂、松脂合剂、铜制剂混用。石硫合剂具有强烈的臭鸡蛋气味，性质不稳定，易被空气中的氧气、二氧化碳分解。一般来说，石硫合剂不耐长期储存。使用浓度要根据梨树生长时期、病虫害对象、气候条件、使用时期不同而定，浓度过大或温度过高易产生药害。休眠期（早春或冬季）喷施一般掌握在 3 ~ 5 波美度，生长季节一般不能使用，易对幼嫩组织造成药害。

石硫合剂配制方法和步骤：石硫合剂是用生石灰、硫黄粉熬制而成的红褐色透明液体。按照生石灰 1 份、硫黄粉 2 份、水 10 份的比例配制，生石灰最好选用较纯净的白色块状灰，硫黄以粉状为宜。

①将硫黄粉先用少量水调成糊状的硫黄浆，搅拌越均匀越好。②在铁锅中加入适量水，用火加热烧开。③把事先调好的硫黄浆自锅边缓缓倒入锅中，边倒边搅拌边加热（在加热过程中防止溅出的液体烫伤眼睛），使硫黄水沸腾后，把块状生石灰慢慢放入铁锅中。④然后强火煮沸 40 ~ 60 分钟，待药液熬至红褐色、捞出的渣滓呈黄绿色时停火，其间用热开水补足蒸发的水量至水位线。补足水量应在撤火 15 分钟前进行。⑤冷却过滤出渣滓，得到红褐色透明的石硫合剂原液，测量并记录原液的浓度（浓度一般为 23 ~ 28 波美度），如暂时不用，可装入带釉的缸或坛中密封保存，也可以使用塑料桶运输和短时间保存。

五、无花果病虫害绿色防控

无花果本身病虫害极少，在原产地生长过程中基本不需要使用农药。从目前的实际生产情况来看，北方地区由于气候干燥，无花果上的病虫害极少，即使偶有发病，也多集中在夏季高温高湿的一段时间内，并且多因果园管理不到位、通风透光差所致，基本为常见的病虫害，极易防治；南方地区由于雨水较多、气候湿热，无花果上发生的病虫害相对多些，但大多也较容易防治。总体来说，只要做好果园的管理工作，保证通风透光、排水通畅，南方多考虑避雨栽培，无花果患病的概率会很低。

主要病害

无花果疫霉病

（1）症状。无花果的叶片、新梢、枝条和果实都能感染此病。一般在6月下旬至7月上旬发病，南方的梅雨季节易发病。发病时植株下部叶片出现不规则暗绿色水渍状病斑，病斑逐渐扩大，严重时枯焦落叶；新梢发病后，呈黄褐色至暗褐色；潮湿时病果有白色霉层，迅速软化、落地，遇干旱天气，易失水干枯，挂于枝头（图6-123）。

（2）防治方法。

①选择抗病品种。无花果不同品种间疫霉病发生的情况不同，在发病严重的地区种植时要选择抗病品种。

②加强田间管理。在种植时合理确定种植密度，保

图6-123　无花果疫霉病症状

证成园后通风透光。对于已经建成的无花果园，可加强田间管理。适当提高定干高度，不留过长的结果枝，尽量减少枝条下垂，主干20厘米以内的分枝全部去掉，减少病菌的侵染机会，适当去除高度密集的叶片，保证树体通风透光。及时排除积水、除草、清除病果。如有条件，可以用地膜进行全园覆盖，防止病菌随雨水飞溅侵染植株。

③药剂防治。对于发病频繁、发病较重的地区，根据各地情况选择在6月初、6月上旬、6月中旬至7月中旬3个时间段开始喷药保护，可选用25%吡唑醚菌酯悬浮剂1 500倍液，或10%苯醚甲环唑水分散粒剂3 000倍液，或50%嘧菌酯水分散粒剂3 000倍液，或25%甲霜灵可湿性粉剂800倍液，每隔7～10天喷一次，各药剂轮换使用，连喷3～5次。久雨初晴需及时喷施，有条件的建议飞防。

无花果炭疽病

（1）症状。果实近熟时受害。发病初期果面出现针头大的淡褐色圆形病斑，以后病斑逐渐扩大，果肉软腐，呈圆锥状深入果肉，后期病斑下陷（图6-124），表面呈现颜色深浅交错的轮纹，直径达到1～2厘米时，病斑中心产生凸起小颗粒，初为褐色，后变为黑色，呈同心轮纹状排列，逐渐向外发展，潮湿条件下有粉红色黏液，发病严重时，病斑可扩大到半个或整个果面，果实软腐，易脱落，或干缩成僵果。

图6-124　无花果炭疽病症状

（2）防治方法。

①加强栽培管理。合理确定种植密度，保持土壤疏松通气，注意排水。不定期摘除多余的枝条和叶片，保持果园通风透光良好。生长季节及时剪除病果、病叶并集中销毁。对于年年发病的果园，应特别注意在冬季清除小僵果、病枯枝等，及时刮除被病果沾染过的树皮，减少传染源。

②药剂防治。春季萌芽前，用石硫合剂或80%福·福锌可湿性粉剂500倍液喷洒果园。果树发病后，用80%代森锰锌可湿性粉剂600～800倍液，或50%多菌灵可湿性粉剂500倍液，或25%咪鲜胺乳油1 500倍液，或1∶0.5∶200波尔多液，每隔10～15天喷一次，共喷3～5次，如果病害不见减轻，可多喷几次。

无花果枝枯病

（1）症状。主要发生在主干和主枝上。初期病部稍凹陷，可见米粒大小的胶质小点，以后逐渐出现紫红色椭圆形凹陷病斑，并且胶质小点增多，由黄白色渐变为褐色、棕色或黑色，病处组织腐烂湿润，呈黄褐色，有酒糟味，深可达木质部。后期病部干缩凹陷，表面密生黑色粒点（图6-125），潮湿时涌出橘红色丝状孢子角。

图6-125　无花果枝枯病症状

（2）防治方法。

①加强栽培管理，提高树体抗病能力，及时检查去除得病的枝干，并消毒保护；病害严重的，要及时清除整株果树。病枝、病树需集中销毁。

②预防冻害。冻害往往是诱发该病的主要原因，冬季注意预防冻害。

③药剂防治。在发芽前，树体喷石硫合剂保护树干。5～6月，再喷2～3次1∶2∶200波尔多液。

无花果锈病

（1）症状。该病主要危害叶片、幼果及嫩枝。叶片5月上旬发病，发病初期叶片正面出现1毫米大小的黄绿色小斑点，逐渐扩大成0.5～1厘米的橙黄色圆形病斑，边缘红色（图6-126）。其后叶片背面隆起，生出许多黄色毛状物，内含大量病菌孢子。嫩枝受害后，病部现橙黄色隆起，呈纺锤形。幼果发病后表面产生圆形病

图6-126　无花果锈病症状

斑，由黄色变褐色，上生土黄色毛状物，病果局部生长停滞，多呈畸形。

（2）防治方法。

①果园附近禁止种植桧柏。病害的轻重与果园周围桧柏的多少和距离远近有关。在5千米范围内，桧柏多则病害重，反之则轻，因此果园附近应禁止种植桧柏。

②药剂防治。在无花果萌芽至展叶的30天内开始喷药保护，可用43%戊唑醇悬浮剂16～20毫升/亩，或25%嘧菌酯悬浮剂40～60毫升/亩，或25%三唑酮可湿性粉剂1 000倍液喷洒，以上药剂轮换使用。一般4月中下旬喷1次，以后隔半个月喷1次，连喷3～5次。

无花果根结线虫病

（1）症状。无花果遭受线虫危害后，根部常产生大量根瘤，呈结状（图6-127），引起腐烂、肿大，根系缩小，病株地上部分生长发育受阻，轻者症状不明显，重者生长缓慢，叶片发黄，植株较矮小，发育不良，提早落果，结果小而少。随着病情的发展，植株逐渐枯死。

（2）防治方法。

①尽量不要选购已感染线虫的无花果苗。如购买的无花果苗已有少量感染，可进行剪根后用阿维菌素浸泡几小时再栽种。

②改变土壤酸碱度。山东嘉祥无花果园土壤pH约为7.4，几乎从未在果园内发现根瘤危害的植株，可能是碱性土壤导致症状基本不显

图6-127　根结线虫病症状

现。南方酸性土壤可在定植前撒施生石灰，既能消毒又能补钙。

③深翻改土，铺设地膜。将土翻至25厘米以下，果园铺地膜都可以减轻线虫危害。

④可选用嫁接苗。如ALMA（白马赛）无花果根系对线虫抗性最好，可选其为砧木的嫁接苗。

⑤药剂防治。目前主流的治疗药物为阿维菌素、噻唑膦、淡紫拟青霉、球孢白僵菌。发生根结线虫病的树体可用20%噻唑膦水乳剂750毫升+5%阿维菌素乳油100毫升，兑水500千克进行灌根治疗。预防时用20%噻唑膦水乳剂500毫升加5%阿维菌素乳油50毫升兑水灌根。淡紫拟青霉、球孢白僵菌是目前防治线虫最有前途的生防制剂。

拓展阅读

根结线虫多在5～30厘米土层生存，常以二龄幼虫或卵随病残体遗留在土壤中越冬，翌年条件适宜，越冬卵孵化为幼虫，继续发育并侵入寄主。初侵染源主要是病土、病苗及灌溉水。根结线虫远距离移动和传播，通常是借助流水、风、病土搬迁和农机具沾带的病残体和病土、带病的种苗和其他营养材料以及人的各项活动实现。根结线虫生活最适温度为25～30℃，高于40℃或低于5℃都很少活动，55℃经10分

钟致死。田间土壤湿度是影响根结线虫孵化和繁殖的重要条件，雨季有利于根结线虫的孵化和侵染，但在干燥或过湿土壤中，其活动受到抑制。

什么情况下根结线虫比较严重？一般无花果老园中较为严重，重茬地发病较重。相较于南方的酸性土壤，北方弱碱性土壤感染根瘤的概率偏低，且危害程度也小很多。很多北方露地无花果园对根结线虫根本不当回事儿。华南地区大多数无花果老园如果未提前进行药物干预，都难免中招，且危害极重，植株枯萎死亡也常有发生。

土壤质地疏松、盐分低的条件适合根结线虫活动，有利于其发病。未发酵的鸡粪中含有大量抗生素和根结线虫，施用后"稍不留神"就会导致根结线虫传染。尽量避免使用种植过多年烟草、蔬菜、中药材的土地培育无花果苗和定植无花果树，这些都是根结线虫病的重灾区。

主要虫害

桑天牛

（1）危害状。桑天牛（图6-128）分布广泛，是无花果树的主要害虫。幼虫从上往下蛀食枝干皮层，受害树体衰弱，负载量小，容易被风吹断，严重时死亡。桑天牛已知危害树种达36种之多，在无花果上危害尤甚，且具有南方发生多于北方、露地栽培发生多于大棚栽培的特征。

图6-128　桑天牛

（2）防治方法。

①远离桑树、桃树、杏树、李树等建园，防止天牛迁入。

②药物防治。在天牛产卵期用8%氯氰菊酯微囊悬浮剂200～300倍液喷洒主干及枝叶杀灭成虫，持效期可达50天以上。

③释放天敌花绒寄甲。最佳释放时期是在天牛老熟幼虫期和蛹期，北方在5月，南方在3～4月。温度只要高于20℃即可。释放时将成虫置于树体基部或天牛危害孔处。即使天牛幼虫体上只寄生1头花绒寄甲，也能把天牛幼虫杀死。

> **温馨提示**
>
> 建议不要购买花绒寄甲成虫，因为无花果树皮光滑，成虫容易飞走，可以购买虫卵卡，每株树一张即可。在天牛危害的严重地区，每亩成本300元左右。

④太阳能杀虫灯防治。在果园安装杀虫灯，还可以形成一个良性生态链：杀虫灯杀灭害虫→害虫、残果喂鸡→鸡粪发酵后还田，既节约了种养成本，又优化了生态环境。每盏太阳能杀虫灯可控制30亩果园，每盏杀虫灯的投入费用在1 000元以内。

橘小实蝇

（1）危害状。橘小实蝇成虫一般从无花果果目处往果实内注射虫卵，随着果实的逐渐成熟，里面的虫卵逐渐孵化成蛆虫，导致果实形成蛆果，出现腐烂、落果现象（图6-129）。

（2）防治方法。

①及时摘果和清园。鲜果成熟后要及时采摘。病果、烂果及时清理出园区，雨后无花果园防治疫霉病刻不容缓。春季在地面、地埂杂草处，喷施高效氯氟氰菊酯+阿维菌素+嘉美金点，大棚内用异丙威烟熏，也可有效降低橘小实蝇基数。

②使用黄板或杀虫灯。无花果成熟前悬挂黄色粘虫板或杀虫灯能诱杀大部分成虫。

图6-129　橘小实蝇危害状

③在果园内悬挂橘小实蝇诱捕器。每亩果园可设置5～8个诱捕器。在果实膨大期至采收期，每月在诱芯上滴1支引诱剂。利用引诱剂对橘小实蝇的吸引作用，将其引入诱捕器内进行捕杀。特别是使用性引诱剂全面诱杀雄蝇后，使雌蝇无法找到雄蝇交配，因无法产下有效受精卵，而使蝇群密度逐渐下降，最终可达到扑灭的目的。

④套袋、贴果目。对于种植面积小的无花果园，可以进行套袋和用双面胶粘贴果目。

蓟马

（1）危害状。因无花果叶片富含蛋白酶，蓟马对无花果叶片危害不明显。成虫栖息果内，食害小花，使小花变褐，影响果实发育。成熟果受害后，果肉变成黄色，甚至褐色，失去商品价值（图6-130）。

（2）防治方法。

①麦收季节（6月上中旬）为蓟马防治的最佳时期，可喷施乙基多杀菌素（艾绿士）、氟啶虫酰胺、吡蚜酮等防治。

②冬季清除落叶并烧毁，平时摘除病果、病叶、被害果实，减少虫源。

图6-130　蓟马危害无花果

象鼻虫

（1）危害状。冬季象鼻虫幼虫钻到树根部，取食无花果的树根。其幼虫比天牛幼虫短小，蛀食树的根部没有出气孔，虫粪又在泥土周边或树根中，很难发现（图6-131）。

（2）防治方法。防治象鼻虫使用的药物为氟氯氰菊酯。第一次在3月左右气温回暖、虫蛹变成幼虫开始出来觅食时，灌根+

图6-131　象鼻虫危害状

喷施同时进行，不能只灌根或者只喷雾，因为象鼻虫晚上在地下活动，白天在地上活动。而且全园都要喷施，包括园区的道路和草丛。第二次喷施在1周后，这样连续喷2～3次，基本可以给象鼻虫"断根"。

蚂蚁

防治方法：成熟果及时采摘。如果种植面积较小，蚂蚁也不算太多（图6-132），可以采取物理方法防治，如用沸水浇灌蚁穴，或者在无花果树苗主干上缠绕双面胶或者橡胶皮筋。如果种植面积较大，目前可以推广的办法是施用灭蚁饵剂。一株树下放一堆，一包药可以放10堆，防治效果较好。

图6-132　蚂蚁危害无花果

鸟害

预防鸟害的最佳办法是用防鸟网覆盖果园（图6-133），也可在枝条上悬挂红白相间的塑料条，抑或是在园中插立旋转的驱鸟器、稻草人或布置风哨等。防鸟网一般选用孔径2～2.5厘米、耐热耐水耐老化的聚乙烯或者尼龙材料。根据驱避鸟的种类不同，平原地区一般选用蓝色或者红色防鸟网，山区一般选择黄色防鸟网。有

图6-133　覆盖防鸟网

色的防鸟网会在上方形成一道光，可以驱避大多数鸟类。连栋大棚防鸟网一定要选质量好一些的，最好和棚膜寿命同步。

六、柑橘病虫害绿色防控

柑橘树脂病

（1）症状。柑橘树脂病主要危害枝干、叶片、果实。根据侵染部位分为流胶型或干枯型、黑点或沙皮型、蒂腐型。

流胶型或干枯型：树干受害后，初期呈现暗褐色油渍状病斑，皮层组织松软并有小裂纹，流出淡褐色至褐色胶液（图6-134），并有类似酒糟气味。在高温干燥情况下，病部逐渐干枯下陷，已死亡的皮层脱落，露出变为浅灰褐色的木质部，病健部位交界处有一条黄褐色或黑褐色的痕带，病部散生许多小黑点。

图6-134　流胶型

黑点或沙皮型：新叶、嫩梢和果皮受害，病部表面产生黄褐色或黑褐色硬胶质小粒（图6-135）。

蒂腐型：储藏期果实受害时，蒂部出现水渍状、淡褐色病斑，后变为深褐色并向脐部扩展，边缘呈波纹状。

（2）发生规律。病菌主要以菌丝、分生孢子器和分生孢子在病树组织内越冬，分生孢子借助风、雨、昆虫等媒介传播。在有水分的情况下，孢子才能萌发和侵染，适宜温度为15～25℃。该病病菌为弱寄生菌，只能从寄主的伤口侵入。树势衰弱，可加重其发病。当病菌侵染无伤口、活力较强的嫩叶和幼果等新生组织时，则受阻于寄主的表皮层内，形成许多胶质的小黑点。因此，只有寄主有大量伤口存在，且雨水多、温度适宜时，枝干流胶、干枯及果实蒂腐才会发生流行。而黑点或者沙皮的发生则仅需要多雨和适温。

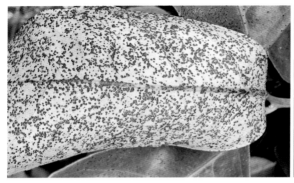

图6-135　黑点或沙皮型

（3）防治方法。

①冬季或早春。冬季或早春剪除病枝、枯枝，带至园外集中烧毁，并可喷施0.8%石灰等量式波尔多液，或0.8～1波美度石硫合剂，或松碱合剂8～10倍液进行清园。若枝干发病，则于春季彻底刮除枝干上的发病组织，用酒精消毒后，再涂抹50%甲基硫菌灵可湿性粉剂100倍液，或乙蒜素，或硫酸铜100倍液等药剂。

②春梢萌发期。于春梢萌发期喷施0.8%石灰等量式波尔多液，或80%代森锰锌可湿性粉剂600倍液等药剂。

③花谢2/3时至果实膨大期。在谢花2/3时即开始喷药，可用80%代森锰锌可湿性粉剂600倍液，或可添加99%矿物油250倍液。每隔14～20天喷药1次，直至果实膨大期结束。

④其他防治措施。营造防护林，做好防冻、防旱和防涝工作，保持树体强健；对于栽培较稀疏的果园，在盛夏前将主干涂白，以防日灼；对于树势较差的果园，采果前淋施腐殖酸水溶肥，稳定树势，采果后施用有机肥和水肥，恢复树势。

柑橘疮痂病

（1）症状。柑橘疮痂病主要危害柑橘的新梢、叶片和幼果。新梢发病，初期出现油渍状黄色小斑点，后变成蜡黄色，病斑逐渐扩大并木栓化，有明显的凸起。枝梢短小、扭曲。叶片发病，初期为黄色油渍状小斑点，后渐扩大成蜡黄色病斑，后期病斑木质化凸起，叶背突出，叶面凹陷，呈漏斗状，发生严重时叶片扭曲、畸形。果实发病，果皮产生茶褐色小斑，后在果皮上形成黄褐色圆锥形、木质化的瘤状凸起（图6-136）。果实小，皮厚，味酸，发育畸形。

图6-136　柑橘疮痂病症状

（2）发生规律。病原菌以菌丝体在病叶、病枝等患病组织内越冬。翌年春季气温回升时，分生孢子借助风雨传播至嫩叶、嫩梢和谢花后的幼果上，孢子萌发后侵入植物组织导致发病。适温和高湿是该病流行的重要条件，发病的温度为15～30℃，适宜温度为20～28℃。

（3）防治方法。

①冬季或早春。结合冬季清园，剪除病枝、病叶，同时喷施0.8%石灰等量式波尔多液或0.8～1波美度石硫合剂、松碱合剂8～10倍液等药剂。

②春芽期。在芽长2毫米左右时，喷施保护性药剂0.5%～0.8%石灰等量式波尔多液，或80%代森锰锌可湿性粉剂600倍液，或46%氢氧化铜水分散粒剂800～1 000倍液等。

③花谢2/3时。与春芽期用药轮换，喷施保护性药剂80%代森锰锌可湿性粉剂600倍液，或70%丙森锌可湿性粉剂600倍液，或46%氢氧化铜水分散粒剂800～1 000倍液。

④幼果期。于上次用药后2～3周，喷施治疗性药剂60%吡唑醚菌酯·代森联水分散粒剂750倍液，或10%苯醚甲环唑水分散粒剂2 000倍液，或43%戊唑醇悬浮剂3 000倍液，或250克/升嘧菌酯悬浮剂1 000倍液等，以及保护性药剂80%代森锰锌可湿性粉剂600倍液等。

⑤其他防治措施。适期避雨，有条件的橘园从开始谢花起避雨3～4周，可有效控制发病；以有机肥为主，实行配方施肥；春夏季排除积水，改善果园环境；加强检疫，采用无病苗木建园。

柑橘炭疽病

（1）症状。柑橘炭疽病主要危害叶片、枝梢、果实。

叶片发病分为急性型（叶枯型或叶腐型）和慢性型（叶斑型）两种。急性型常在叶片停止生长老熟前发生，产生淡青色或暗褐色似沸水烫伤的小斑，之后迅速扩展成水渍状波纹大斑块，边缘不清晰，病斑呈近圆形或不规则。慢性型多发生于老熟叶片和潜叶蛾等造成的伤口处，病斑

图6-137　柑橘炭疽病叶片症状

多在边缘或叶尖，近圆形或不规则，浅灰褐色，边缘褐色，与健康部分界限明显。后期病斑褪为灰白色，表面密生稍凸起、排成同心轮纹状的小黑粒点（图6-137）。

枝梢发病分为急性型和慢性型。急性型在刚抽生的嫩梢顶端3～10厘米处突然发病，似开水烫伤状，3～5天后嫩梢嫩叶凋萎（图6-138）。慢性型多在1年生以上枝梢叶柄基部腋芽处发生，病斑初为淡褐色，椭圆形，之后逐渐扩大成长梭形，稍凹陷，当病部扩大绕枝梢一周时，病梢枯死，呈灰白色，其上散生小黑粒点状分生孢子盘。

果实受害，幼果发病初为暗绿色油渍状不规则病斑，后扩大至全果，病斑凹陷，变为黑色，成僵果挂于树上；大果受害，其症状有干疤型、泪痕型和腐烂型3种。干疤型多在果腰发生，病斑圆形或近圆形，黄褐色或褐色，微下陷，发病组织不深入果皮（图6-139）；泪痕

图6-138　柑橘炭疽病枝梢症状

图6-139　柑橘炭疽病果实症状

型在果面有若干条如泪痕的长斑，上有许多褐色小凸点；腐烂型在储藏期发生，一般从果蒂部位开始，初期淡褐色，后颜色变深至腐烂。

（2）发生规律。病菌以菌丝体或分生孢子在病枝、病叶和病果组织上越冬，翌年环境条件适宜时，分生孢子借助风雨或昆虫传播，孢子萌发侵入寄主引起发病。在高温多雨、低温多湿等不利气候条件下发病严重。该病病菌为弱寄生菌，健康组织一般不会发病，当低温冻害、高温干旱、耕作移栽、果园积水、施肥过量、酸性过大、环割过度、超负载挂果、肥力不足、虫害严重或农药药害等造成根系损伤、树势衰弱、局部坏死或伤口时，该病害发生严重。

（3）防治方法。

①冬季或早春。结合清园，剪除病虫枝和徒长枝，清除地面落叶，并集中烧毁，减少侵染源。修剪后在伤口处涂抹波尔多液，或喷施10%苯醚甲环唑水分散粒剂2 000倍液，或25%丙环唑乳油1 000～1 500倍液等药剂清理树体病菌。

②春梢期至果实转色期。以预防为主，把病害控制在发病初期。可选药剂有80%代森锰锌可湿性粉剂800倍液、12.5%腈菌唑可湿性粉剂1 000倍液、45%咪鲜胺乳油1 500倍液、60%吡唑醚菌酯·代森联水分散粒剂750倍液、10%苯醚甲环唑水分散粒剂2 000倍液、43%戊唑醇悬浮剂3 000倍液、250克/升嘧菌酯悬浮剂1 000倍液等，注意药剂轮换使用。

③果实成熟期至采收后。果实成熟期喷施45%咪鲜胺乳油1 500倍液，采收后用40%双胍辛烷苯基磺酸盐可湿性粉剂（百可得）1 000倍液+45%咪鲜胺乳油（施保克）1 000倍液，或40%双胍辛烷苯基磺酸盐可湿性粉剂（百可得）1 000倍液+50%抑霉唑乳油1 000倍液浸果。

④其他防治措施。注意防虫、防冻、防日灼，避免不恰当的环割等伤害树体；重视果园深翻改土，增施有机肥，实行配方施肥，改良土壤，增强树势；及时灌溉保湿、排除积水，保证树体健壮生长；果园种植绿肥作物或生草栽培，改善园区生态环境。

柑橘黄龙病

（1）症状。柑橘黄龙病全年都可发生，但以夏、秋季的新梢发病最多，其次是春梢（图6-140）。新梢发病，叶片褪绿转黄（图6-141），叶脉肿胀，叶质硬化发脆，叶肉多呈黄绿相间的斑驳，秋后病叶陆续脱落。第2年抽生新梢纤弱短小，病叶细小狭长，硬化，叶脉肿突，叶色黄白，似缺锌、锰等症状。病梢上花器小而肥厚，无光泽。果实发病，常于近果柄处先红，下部仍绿色，且着色不完全（图6-142）；果实畸形、提早脱落、味淡且伴有深色发育不全的小粒种子。最突出特点是呈"红鼻果"。病树根部变褐、腐烂。

图6-140　柑橘黄龙病树　　　　　　　　图6-141　柑橘黄龙病叶片症状

图6-142　果实着色不完全

（2）发生规律。该病害的病原为韧皮部内寄生的革兰氏阴性细菌，可通过柑橘木虱、嫁接和菟丝子传播，远距离传播的主要途径是带病接穗和苗木的调运，近距离传播主要靠柑橘木虱。当田间存在病树，且柑橘木虱发生普遍时，该病发生严重且流行速度快。柑橘木虱在周年有嫩梢的条件下，一年可发生11～14代，浙江南部柑橘产区一年可发生6～7代，田间世代重叠。在8℃以下时，成虫静止不动，14℃时可飞能跳，18℃时开始产卵繁殖。以成虫在树冠背风处越冬，翌年春季柑橘萌芽时，越冬成虫即在嫩芽上吸取汁液，并在叶间缝隙处产卵。春梢期为柑橘木虱繁殖的第一个高峰期，第一次夏梢期为柑橘木虱危害的第二个高峰期，秋梢期为一年中虫口密度最大、受害最严重的时期，10月中旬至11月上旬的迟秋梢期柑橘木虱会再发生一次高峰。

（3）防治方法。

①严格检疫。杜绝病苗、病穗和柑橘木虱传入无病区和新种植区。

②农业措施。

A.在无病区或自然隔离条件好的地方建立无病苗圃，或在封闭式网棚内培育无病苗木。接穗和砧木应采自无病母树，或经过严格的检测和脱毒处理，确保其不携带黄龙病菌。

B.坚持每次新梢转绿后全面检查橘园，发现病树后先喷施速效杀虫剂防治柑橘木虱，以免挖树时柑橘木虱迁飞扩散传播黄龙病。之后及时挖除病树销毁，不留残桩，对于易挖除的小树，应连根挖除；对于难挖除的大树，在锯除树体后用草甘膦涂抹树桩，并包膜盖土，使树根腐烂不再萌发新梢。

C.加强栽培管理，保持树势健壮，提高耐病能力。

D.切忌在果园附近种植九里香、黄皮等树木。

E.实行产业化种植，新区要统一规划，统一采用无病苗木，统一技术规程。

F.在病区重建柑橘园，应成片挖除病树、老树，清理环境，安排好必要的隔离条件，经种植2年其他非寄主植物后，再种植无病苗木。

③化学防治。及时、有效防治黄龙病传播媒介——柑橘木虱，达到治虫防病的目的。

A.冬季。采果后喷药清园，消灭柑橘木虱成虫，对于感染柑橘黄龙病的病树，应先喷药再挖除。可喷施20%吡虫啉可湿性粉剂2 000～3 000倍液，或10%烟碱水剂500～800倍液，或3%啶虫脒可湿性粉剂1 000～2 000倍液，或1.8%阿维菌素乳油2 000倍液等。

B.春、夏和秋梢期。在新芽初露期即开始喷药，间隔10天左右复喷，可喷施20%吡虫啉可湿性粉剂2 000～3 000倍液，或50%氟啶虫胺腈水分散粒剂（可立施）4 000～5 000倍液，或10%烯啶虫胺可湿性粉剂2 000倍液，或拟除虫菊酯类农药2 000～4 000倍液等。

④其他防治措施。同一果园内种植的柑橘品种尽量一致，便于落实统一的管理措施；加强肥水管理，使橘树长势旺盛，新梢抽发整齐，利于同一时间喷药。

柑橘灰霉病

（1）症状。柑橘灰霉病主要危害叶片、花瓣、果实和枝条。受害叶片出现圆形或不规则水渍状病斑，病斑边缘褐色，中央灰白色，有时长出灰黑色霉层。花瓣受害后引起腐烂，并产生灰色霉层（图6-143）。受害果实多从果蒂开始腐烂，表面密生灰色霉层，病果表面容易木栓化，形状不规则（图6-144），最终导致落果。枝条受害后呈灰白色枯死，并可引起叶片枯死。

（2）发生规律。病菌以菌核及分生孢子在病部和土壤中越冬，翌年温度回升，遇多雨、湿度大时即可萌动产生新的分生孢子，新、老分生孢子借气流传播到花上。初侵染发病后，又产生大量新的分生孢子，再进行传播侵染。花期遇寒流、连日阴雨均有利于该病害的发生和流行。

（3）防治方法。

①冬季。冬季清园，结合修剪，剪除病枝、病叶并烧毁，可喷施0.8%石灰等量式波尔多液或0.8～1波美度石硫合剂、松碱合剂8～10倍液进行清园。

②花期前。开花前喷1～2次药预防，可喷施500克/升异菌脲悬浮剂1 000～1 500倍液，或80%代森锰锌可湿性粉剂600倍液，或50%啶酰菌胺水分散粒剂1 000～1 500倍液，或40%嘧霉胺悬浮剂1 000～1 500倍液等。

③花期。花期发病，在早晨趁露水未干时及时摘除病花。在花谢2/3时，如遇连续阴雨天气，需及时进行摇花，避免花瓣在幼果上堆积。

图6-143 柑橘灰霉病引起花腐

图6-144　柑橘灰霉病果实症状

柑橘煤烟病

（1）症状。主要危害叶片、枝梢及果实。发病初期病部生一层暗褐色小霉点，后逐渐扩大，直至形成绒毛状黑色或暗褐色霉层，并散生黑色小点（图6-145、图6-146）。

图6-145　柑橘煤烟病叶片症状　　　　　图6-146　柑橘煤烟病果实症状

（2）发生规律。引起煤烟病的病菌中除小煤炱属病菌为纯寄生菌外，其余均为表面附生菌，大部分种类以蚜虫、介壳虫、粉虱的分泌物为营养。病菌以菌丝体、闭囊壳和分生孢子器在病部越冬，分生孢子和子囊孢子借风雨传播。此病发生于春、夏、秋季，其中以5～6月为发病高峰。除小煤炱属外，多随介壳虫、粉虱和蚜虫等害虫发生而消长，果园管理不善、荫蔽、潮湿均有利于发病。

（3）防治方法。

①及时防治蚜虫、介壳虫和粉虱等刺吸式口器害虫。

②发病时喷洒（0.3～0.5）：（0.5～0.8）：100波尔多液，或铜皂液（硫酸铜0.25千克、松脂合剂1千克、水100千克），或95%机油乳剂200倍液，或50%多菌灵可湿性粉剂600～800倍液。

③合理修剪，增加果园通风透光度，降低湿度，有助于控制此病发展。

柑橘全爪螨

（1）危害状。柑橘全爪螨又称柑橘红蜘蛛，主要以成螨、若螨和幼螨刺吸柑橘叶片、嫩枝和果实的汁液，常使全树叶片、果实枯黄泛白呈黄褐色或铁锈色，降低叶片光合作用，危害严重时，叶片呈灰白色，失去光泽，造成落叶、落果及枯枝，严重影响生长、树势和产量（图6-147）。

图6-147　柑橘全爪螨危害状

（2）发生规律。1年发生15～20代。无明显越冬现象，但有在阴凉树皮缝隙处越夏的现象。20～30℃和60%～70%的空气相对湿度是其发育和繁殖的适宜条件，温度低于10℃或超过30℃虫口受到抑制。4～6月和9～10月为发生盛期。未交配的雌成螨可行孤雌生殖，这些卵孵化后多为雄螨。卵多产在叶背的主脉两侧。冬、春季营养较丰富的品种（如柚、脐橙和本地早等）和植株螨虫发生量相对较大，故在橘园有"中心虫株"的现象。

（3）防治指标。早春（2月下旬至3月中旬）1~2头/叶；3月下旬至花前3~4头/叶；花后至9月5~6头/叶（7~8月一般不治）；10~11月2头/叶。

（4）防治方法。

①冬季或早春。12月上旬前进行冬季清园，翌年2月下旬进行春季清园。剪除带螨卷叶并烧毁，可喷施0.8~1波美度石硫合剂，或松碱合剂8~10倍液，或99%机油乳剂60~100倍液，或73%炔螨特乳油1 500~2 000倍液等，减少越冬虫源基数。

②春梢萌发2~3厘米时。越冬虫卵孵化盛期，但未危害新梢叶片时进行喷药防治，主要喷施24%螺螨酯悬浮剂4 000~5 000倍液，或110克/升乙螨唑悬浮剂4 000~5 000倍液，或30%乙唑螨腈悬浮剂3 000~4 000倍液等杀卵为主的药剂，针对早春低温可添加1.8%阿维菌素乳油2 000~3 000倍液，或99%机油乳剂200~300倍液等速效性药剂。

③保果期。第一次生理落果期，处于雨季，需使用长效性药剂，可选用速效性药剂1.8%阿维菌素乳油2 000~3 000倍液，或20%丁氟螨酯悬浮剂2 000倍液，或43%联苯肼酯悬浮剂2 500~3 000倍液等，以及杀卵药剂24%螺螨酯悬浮剂4 000~5 000倍液或110克/升乙螨唑悬浮剂4 000~5 000倍液等。

④夏梢萌发期。根据天气选择合适的药剂，温度25~30℃时，可选择1.8%阿维菌素乳油2 000~3 000倍液，或99%机油乳剂200~300倍液，或24%螺螨酯悬浮剂4 000~5 000倍液等药剂喷雾防治。

⑤秋梢萌发期。秋梢出芽前是防治关键时期，可选用速效性药剂如1.8%阿维菌素乳油2 000~3 000倍液，或99%机油乳剂200~300倍液，或20%丁氟螨酯悬浮剂2 000倍液等，注意与之前的药剂轮换使用。

⑥其他防治措施。加强栽培管理，增强树势；合理用药，实施保健栽培；果园实行生草栽培或间种豆科类绿肥，保护园内藿香蓟类杂草，改善园内小气候，保护和利用食螨瓢虫、捕食螨、食螨蓟马、草蛉等天敌。

柑橘瘿螨

（1）危害状。以若螨、成螨刺吸柑橘果实、叶片及嫩梢汁液。叶片被害后似缺水状向上微卷，背面变成黑褐色网状纹，常导致落叶，影响树势；果实

图6-148 柑橘锈瘿螨危害状

受害后变成黑色或栓皮色，并布满龟裂网状细纹，果型变小，品质变劣，俗称"麻柑""黑皮果"（图6-148）。

（2）发生规律。以成螨在柑橘的腋芽、卷叶内或越冬果实的果梗处、萼片下越冬。在我国1年发生18～22代。越冬成螨在春季日均气温上升至15℃左右时开始取食危害和产卵等活动，以后逐渐向新梢迁移，聚集在叶背的主脉两侧危害。5～6月迁移至果面上危害，7～10月为发生盛期，尤以温度25～31℃时虫口增长迅速，11月气温降到20℃以下时虫口减少。柑橘锈瘿螨可借风、昆虫、苗木和农具传播。田间的发生分布极不均匀，有"中心虫株"的现象。铜制剂对柑橘锈瘿螨有诱发作用。

（3）防治方法。

①冬季或早春。12月上旬前进行冬季清园，翌年2月下旬进行春季清园。在春梢萌芽前喷施石硫合剂、松碱合剂、机油乳剂、炔螨特等药剂。

②春梢期。当在10倍放大镜下观察每个视野虫数为1～2头时，或当年春梢叶背初现被害状时，喷药防治。可选用25%三唑锡可湿性粉剂1 500～2 000倍液，或99%矿物油乳剂200倍液，或1.8%阿维菌素乳剂2 000倍液，或80%代森锰锌可湿性粉剂600倍液等。

③7～11月。当在10倍放大镜下观察叶片或果实上虫数为每个视野3头时进

行喷药防治，药剂同春梢期，注意轮换使用。6月以后忌用铜制剂。

④其他防治措施。保护和利用汤普森多毛菌、食螨瓢虫、捕食螨、食螨蓟马和草蛉等天敌。

介壳虫

危害柑橘的介壳虫主要有褐圆蚧、红蜡蚧和吹绵蚧。

（1）危害状。介壳虫以成虫和若虫群集于柑橘叶片、枝干、果实上吸取汁液危害。叶片被害失去叶绿素而黄化，果实被害后果面斑驳，枝干被害后表皮粗糙或枯萎，甚至枯死（图6-149）。介壳虫排泄的蜜露能诱发严重的柑橘烟煤病，影响植株光合作用，使树势衰弱，枝枯叶落，甚至全株死亡。

图6-149 介壳虫危害状

（2）发生规律。

①褐圆蚧（图6-150）。浙江1年发生3～4代，以若虫越冬。发育和活动的最适宜温度为26～28℃。在福州，各代一龄若虫的始盛期为5月中旬、7月中旬、9月中旬及11月下旬，以二代的种群增长最大。

②红蜡蚧（图6-151）。1年发生1代，以受精雌成虫越冬。通常5月中旬开始产卵，5月下旬至6月上旬为产卵盛期。一龄若虫期20～25天，其发生盛期一般在5月下旬至6月中旬。

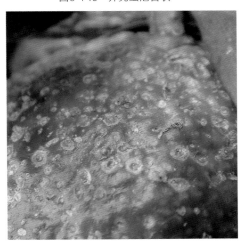

图6-150 褐圆蚧

③吹绵蚧（图6-152）。在长江流域1年发生2～3代，以成虫、卵和各龄若虫在主干和枝叶上越冬。一代卵在3月上旬开始产出，5月为产卵盛期。若虫于5月上旬至6月下旬发生。成虫于6月中旬至10月上旬发生，7月中旬为盛发期。

图6-151 红蜡蚧   图6-152 吹绵蚧

浙江1年发生3代，主要以老熟若虫及前蛹在枝干上越冬。翌年3月中旬成虫羽化，4月上中旬为羽化盛期，4月下旬为产卵盛期，5月上旬一代若虫孵化，5月下旬为孵化盛期。不同种类的介壳虫发生代数不同，若虫孵化期也有早有迟，但每年的5月中旬至6月中旬，是大多数介壳虫的若虫期，也是防治的关键时期。

（3）防治方法。

①清园。冬季清园，剪除有虫、卵的枝梢，清除园内落叶、枯枝、杂草，可喷施石硫合剂、矿物油等药剂，消灭越冬虫源。

②化学防治。

防治适期：春梢萌芽前（2月中旬至3月上旬）；一代若虫盛发期（5月中旬至6月中旬）；二代若虫盛发期（7月中旬至8月下旬）；三代若虫盛发期（8月中旬至9月下旬）。

药剂防治：抓一代，6月上中旬喷施95%机油乳剂250倍液，或22.4%螺虫乙酯悬浮剂4 000倍液，或50%氟啶虫胺腈水分散粒剂3 000倍液，发生严重的园块隔15～20天再交替喷药1次；若防治效果仍不理想，则在7～9月用25%噻嗪酮悬浮剂（扑虱灵）1 000倍液或40%毒死蜱乳油1 500倍液再防治1～2次。

③其他防治措施。合理修剪，剪除虫枝；加强栽培管理，恢复和增强树势；保护和利用天敌。

柑橘潜叶蛾

（1）危害状。夏梢受害轻，秋梢和晚秋梢受害重，喜食新抽发的嫩枝、嫩叶。幼虫孵化后即由卵壳底面潜入叶片表皮下，开始取食，用口器掀起叶面表皮，取食嫩梢、嫩叶细胞汁液，蜿蜒前进，形成弯曲的银白色隧道（图6-153），并在隧道里排泄粪便。被害叶片常卷曲畸形、硬化，严重时造成大量落叶，枝梢生长差，并易诱发树脂病、炭疽病等病害，还可为害螨、介壳虫和卷叶虫等提供栖息或越冬场所。少数受害果实易腐烂，直接影响产量和品质。

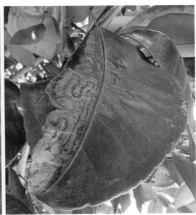

图6-153　潜叶蛾危害状

（2）发生规律。浙江1年发生9～10代。在黄岩尚未发现越冬。成虫产卵于0.5～2.5厘米长嫩叶背面的主脉两侧，幼虫孵化后潜入叶片表皮下蛀食叶肉。即将化蛹的老熟幼虫潜至叶片边缘，将叶卷起，裹住虫体化蛹。田间5月可见到危害，但以7～9月夏、秋梢抽发期发生最烈。苗木和幼树因抽梢多且不整齐而受害重。

（3）防治方法。

①冬季或早春。剪除有越冬幼虫或蛹的晚秋梢并烧毁。

②新梢抽发期。在新梢大量抽发期，当嫩叶0.5～1厘米时，进行喷药防治。9月以后的晚秋梢不必进行药剂防治，待冬季或早春剪除。可选药剂有1.8%阿维菌素乳油2 500倍液、3%啶虫脒乳油1 500倍液、20%除虫脲乳油2 000倍液、5%灭幼脲乳油1 500倍液、50%氟啶虫胺腈水分散粒剂4 000～5 000倍液、拟

除虫菊酯类农药2 000～6000倍液等。

③其他防治措施。统一放梢，抹除夏梢和零星早秋梢，特别是中心虫株要人工摘除夏梢和早秋梢。

夜蛾

危害柑橘的夜蛾有嘴壶夜蛾、鸟嘴壶夜蛾、枯叶夜蛾、桥夜蛾等。

（1）危害状。成虫以其口器刺破果皮，吸食果汁。果实受害处有刺吸痕，数天后形成软腐状褐斑，失去食用价值，并引起大量落果（图6-154）。

图6-154　夜蛾危害果实

（2）发生规律。

①嘴壶夜蛾（图6-155）。1年可发生4代，以蛹和老熟幼虫越冬。幼虫全年可见，但以9～10月发生量较多。成虫略具假死性，对光和芳香有显著趋性。自8月下旬开始危害柑橘果实，高峰期基本在10月上旬至11月下旬，以后随着温度的下降和果实的采摘，危害减少和终止。

②鸟嘴壶夜蛾（图6-156）。1年发生4代，以幼虫和成虫越冬。卵多散产于果园附近背风向阳处木防己的上部叶片或嫩茎上，木防己是已知幼虫的唯一寄主。幼虫白天多静伏于木防己叶下或周围杂草和石缝中，夜间取食。老熟时在木防己基部或附近杂草丛中化蛹。成虫在天黑后飞入果园危害，喜食好果。

③枯叶夜蛾（图6-157）。1年可发生2～3代，以成虫越冬。田间3～11月均可发现成虫，但以秋季较多。幼虫发生盛期为6月上旬、8月和9月上旬。成虫略具假死性，白天潜伏，天黑后飞入果园危害果实。

④桥夜蛾（图6-158）。1年可发生6代，以幼虫和蛹越冬。各代卵发生高峰期分别为4月上旬、5月中旬、6月下旬、7月中旬、8月下旬和9月中旬。

（3）防治方法。

①5～6月。铲除柑橘园内及周围1千米范围内的木防己和汉防己等寄主植物。

②7月前后。7月前后大量繁殖赤眼蜂，在柑橘园周围释放，寄生吸果夜蛾卵粒。

③8月中旬至9月上旬。早熟薄皮品种在8月中旬至9月上旬用纸袋套果。

④化学防治。喷25%除虫脲可湿性粉剂1 500～2 000倍液，或25克/升高效氟氯氰菊酯乳油2 000倍液等拟除虫菊酯类农药，隔15～25天喷1次，采收前25天须停用。

⑤其他防治措施。合理规划果园，山区、半山区发展柑橘时应成片种植，

图6-155　嘴壶夜蛾成虫

图6-156　鸟嘴壶夜蛾成虫

图6-157　枯叶夜蛾成虫

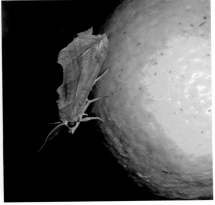

图6-158　桥夜蛾成虫

并尽量避免混栽不同成熟期的品种或多种果树；可安装黑光灯、高压汞灯或频振式杀虫灯诱杀。

柑橘花蕾蛆

（1）危害状。以幼虫蛀食柑橘花蕾，致使被害花蕾膨胀缩短，花瓣弯曲变硬呈淡绿色，扁球形，形似灯笼，不能开放而脱落，果农习惯称为"灯笼花"（图6-159）。

（2）发生规律。柑橘花蕾蛆1年发生1代，部分地区2代，以幼虫在树冠下3～6厘米深土壤中越冬。3月中下旬化蛹，3月下旬至4月上中旬为成虫出土盛期，成虫寿命一般仅1～2天。4月中下旬，幼虫开始爬出花蕾入土休眠，直到第2年化蛹。成虫产卵在花丝及子房周围，常数粒至数十粒成堆排列。成虫羽化期阴雨天气多，当年发生量就大。一般平原比山地发生多，阴湿低洼地比干燥地发生多。

（3）防治方法。

①农业防治。结合冬季耕翻或春季浅耕橘园，压低虫口基数；花期及时摘除被害花蕾，集中杀死幼虫或烧毁。

②化学防治。花蕾露白时用药剂同时喷洒树冠和地面；花蕾中后期主要喷树

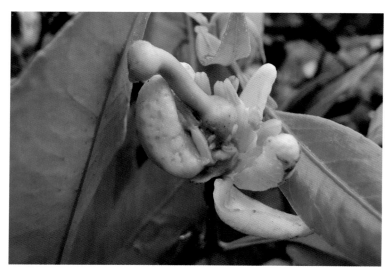

图6-159　柑橘花蕾蛆

冠。药剂选用75%灭蝇胺可湿性粉剂5 000倍液，或40%毒死蜱乳油2 000倍液，或2.5%氟氯氰菊酯乳油3 000～5 000倍液，或20%氰戊菊酯乳油2 500～3 000倍液等。

橘小实蝇

（1）危害状。橘小实蝇主要以幼虫在果实内取食危害。成虫产卵于寄主果实内，产卵孔常呈褐色的小斑点，继而变成灰褐色、黄褐色的圆纹。幼虫孵化后在果实内取食果肉并生长发育，从而导致果实腐烂、脱落，严重影响果实的产量和质量，造成巨大的经济损失（图6-160）。

（2）发生规律。橘小实蝇1年发生3～5代，在有明显冬季的地区，以蛹越冬，而在冬季较暖和的地区则无严格越冬过程，冬季也有活动。广东地区全年有成虫出现，5～10月发生量大。成虫羽化后需要经历较长时间（夏季10～20天，秋季25～30天）的补充营养才能产卵，卵产于果实的囊瓣与果皮之间，喜在成熟的果实上产卵。幼虫孵化后即在果实中取食危害，幼虫老熟时穿孔而出，入疏松表土化蛹。

（3）防治方法。

①严格检疫。严防幼虫随果实或蛹随土壤传播。一旦发现，可采用熏蒸杀虫。

图6-160　橘小实蝇危害状

②冬耕灭蛹。结合冬季翻耕，消灭虫蛹，压低翌年虫口基数。

③摘除虫害果。随时捡拾虫害落果，摘除树上的虫害果，一并烧毁。

④诱杀成虫。在90%敌百虫1 000倍液中，加3%红糖制成毒饵喷洒树冠浓密荫蔽处，隔5天喷1次，连续3～4次。或将90%敌百虫与甲基丁香酚混合制成诱芯，设置诱捕器，在成虫发生期诱捕橘小实蝇雄虫。

⑤化学防治。于橘小实蝇幼虫入土化蛹时或成虫羽化始盛期撒施3%毒死蜱颗粒剂，每亩3～4千克。在成虫羽化出土盛期至上果产卵时，将拟除虫菊酯类农药与3%红糖液混合后喷施树冠，每隔5～10天喷1次，连喷3～4次。

⑥生物防治。通过在田间释放不育实蝇、寄生蜂等防治橘小实蝇。